DISNEY

妈妈，今天我来当大厨！

童趣出版有限公司编　　人民邮电出版社出版

北　京

图书在版编目（CIP）数据

妈妈，今天我来当大厨！ / 童趣出版有限公司编
. -- 北京 : 人民邮电出版社, 2023.11
ISBN 978-7-115-61921-1

Ⅰ. ①妈… Ⅱ. ①童… Ⅲ. ①烹饪—方法—儿童读物
Ⅳ. ①TS972.11-49

中国国家版本馆CIP数据核字(2023)第104836号

责任编辑：吴　尚
责任印制：赵幸荣
封面设计：王东晶
排版制作：冯　煜

编　　：童趣出版有限公司
出　　版：人民邮电出版社
地　　址：北京市丰台区成寿寺路11号邮电出版大厦（100164）
网　　址：www.childrenfun.com.cn

读者热线：010-81054177　　经销电话：010-81054120

印　　刷：天津联城印刷有限公司
开　　本：710×1000 1/16
印　　张：14
字　　数：230千字
版　　次：2023年11月第1版　2023年11月第1次印刷
书　　号：ISBN 978-7-115-61921-1
定　　价：108.00 元

目录

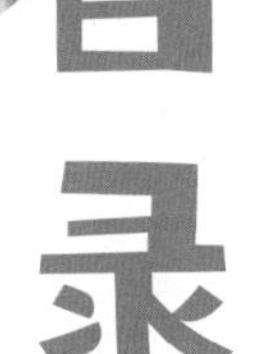

目录

认识常见的厨房用具

电饭锅

又叫电饭煲。具备煮饭、煲汤、煮粥等多种烹饪功能。

安全提示：使用电饭锅时，要注意用电安全。

平底锅

常用来煎、炒、炖食物。

安全提示：平底锅不能干烧。使用时注意不要触碰锅身，以防烫伤。

蒸锅

常用于蒸海鲜、中式面点、薯类等。

安全提示：蒸锅在使用时内部蒸汽温度较高，开盖时不能让脸正对着锅口，拿取食材或器皿时要戴上隔热手套。

炖锅

常用来煮粥、煲汤或制作炖菜。

安全提示：炖锅不能干烧。使用过程中，应时刻关注，防止锅内的液体溢出。如使用电炖锅，应注意用电安全。

烤箱

常用来烤制食物、烘焙甜点。

安全提示：烤箱在使用时内部和顶部温度较高，不能用手直接触碰。

微波炉

可用于快速加热食物，尤其适合加热高水分的食物，如粥、面条、牛奶等。

安全提示：不能使用微波炉加热带壳的封闭食物，如带壳的鸡蛋和板栗，以及完全密封的食物；另外也不能将纸盒、塑料袋和含金属的容器放进微波炉中加热。

锅铲

用于翻炒和盛取食物。带不粘涂层的炊具最好使用木锅铲或硅胶锅铲。

绞肉机

可用于绞肉、绞菜，制作辅食。

安全提示：搅拌机的刀片很锋利，使用和清洗时需小心，避免划伤。

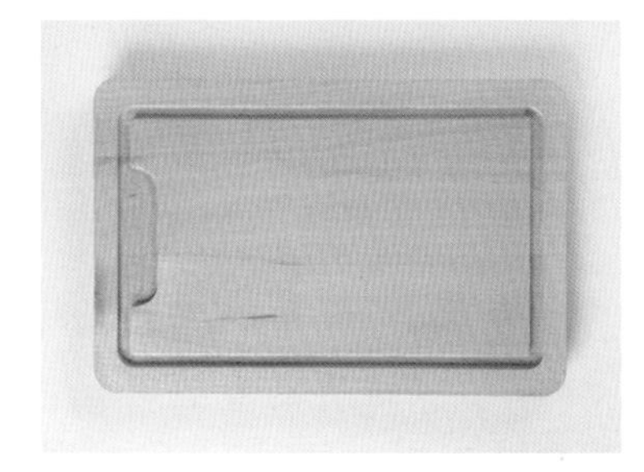

砧板

切食物时将其垫在下部。

安全提示：切生、熟食物的砧板要分开。使用后应及时清洗，并放在通风处晾干。

刀具

用于切分食物。

安全提示：刀具的刀刃锋利，小朋友一定要在家长的帮助下使用。切生、熟食物的刀具要分开。

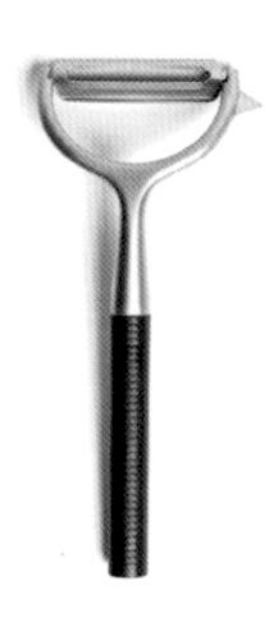

削皮器

用于给果蔬削皮。

安全提示：削皮器的刀刃比较锋利，使用时应多加小心。

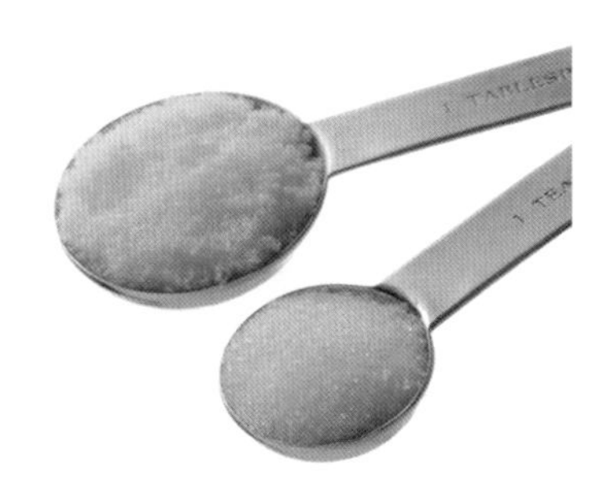

汤匙

用来舀液体或粉末状物体，也是一种容量量度单位。

茶匙

用于舀粉末状物体，搅拌奶茶或咖啡，也是一种容量量度单位。

汤勺

用来盛汤或舀其他液体。

烤盘

用于盛放食物放入烤箱。

安全提示：使用烤箱的过程中，放置或取出烤盘时要戴上隔热手套。

不锈钢盆

用于装、洗食材。

厨房和食品安全顺口溜

小厨师，下厨房，
几件事情不能忘。
处理食材先洗手，
流水快冲 20 秒；
肉类、鱼类分开弄，
处理完后再洗手；
生熟食材要分开，
交叉污染很有害；

水果蔬菜营养好，
清洗之前泡一泡；
食物加热要彻底，
温度 70 是最低；
蒸汽高温应远离，
刀具掉下快躲避；
烹饪结束关燃气，
所有电器要关闭；
清洗刀具要小心，
厨房用具放整齐。

能量
早餐

材料

椰丝	35 克
香蕉	1 根
哈密瓜	40 克
酸奶	140 克
橘子	2 个
杏仁片	5 克
蓝莓	40 克
青葡萄	35 克
橙子	1 个

制作时间：10 分钟　难度：★

阳光奶昔碗

莫阿娜非常喜欢阳光，她也喜欢在阳光明媚的早晨吃一碗添加了水果和坚果的阳光奶昔，来开启活力满满的一天！

制作步骤

1. 首先将香蕉、哈密瓜、酸奶和橘子放入搅拌机，搅拌至顺滑的奶昔状。

2. 橙子去皮，切片。将奶昔倒入碗中，放上椰丝、蓝莓、青葡萄、杏仁片和橙子片，配个小勺子就可以享用啦。

材料
酸奶 150 克
即食麦片 50 克
葵花籽 30 克
葡萄干 40 克
杏仁片 20 克
制作时间：5 分钟 难度：★

早安麦片碗

在忙碌的早晨，灰姑娘总会给自己做一份早安麦片碗，既省时省力，又无比美味呢！

制作步骤

1. 将酸奶倒入碗中。

2. 在酸奶中依次放入葵花籽、葡萄干、杏仁片和即食麦片。

3. 搅拌均匀后就可以尽情享用啦。

材料

酸奶	180 克
蓝莓	90 克
即食麦片	30 克

制作时间：5 分钟 难度：★

水果酸奶杯

美味的水果酸奶杯是黛丝最爱的早餐，一起来学着做一下吧！

1. 取一个玻璃杯，往杯中倒入一半酸奶。在酸奶上铺一部分即食麦片和蓝莓，留下一些备用。

2. 将剩余的酸奶倒在即食麦片和蓝莓上。

3. 将剩下的即食麦片和蓝莓撒在最上方当作装饰即可。

谷物麦片粥

今天是花木兰训练的第一天，她早早地醒来，做了一碗热腾腾的谷物麦片粥。小朋友，你也来试着做一下吧！

制作步骤

1. 把谷物麦片和水倒入锅中，开中火，煮 3~5 分钟，待谷物麦片变软后盛到碗里备用。

2. 将培根放入平底锅，开小火，两面各煎 2 分钟。

3. 舀 2 勺酸奶，像右页的图片一样将酸奶分别倒在谷物麦片粥上。接着，小心地用小刀从桃子上切出 2 个圆，放在酸奶上，当作眼睛。最后放上煎好的培根，当作嘴巴。一道好看又好吃的谷物麦片粥就做好啦！

材料
谷物麦片 半碗
桃子 半个
酸奶 2勺
培根 1片
水 适量
制作时间：10分钟 难度：★

法式吐司

法式吐司带有肉桂和香草的味道，是米妮和米奇最爱的一道早餐！

制作时间：10 分钟 难度：★

材料

鸡蛋	2 个
肉桂粉	少许
全麦面包片	2 片
牛奶	4 汤匙
香草精	1/4 茶匙
黄油	3 小块
枫糖浆	少许

制作步骤

1. 将鸡蛋打入浅口碗中，碗中加入牛奶、肉桂粉和香草精，用打蛋器搅打至完全混合。

2. 使用圆形模切工具，从每片面包上切出 1 个大圆和 2 个小圆，分别当作米奇的头和耳朵。

3. 将切下来的大圆面包片和小圆面包片浸入搅打好的鸡蛋液中，使它们的表面裹满鸡蛋液。

4. 在平底锅中放入 1 小块黄油，开中火，将黄油加热至熔化。然后将裹满鸡蛋液的面包放入平底锅中，每面煎大约 2 分钟，至表面呈金黄色。

5. 将煎好的面包片盛出，像左页的图片一样摆盘，然后再在面包片上放上 1 小块黄油，最后淋上枫糖浆就可以享用啦！

小贴士

如果没有圆形模切工具，你也可以用手撕出相应的形状。

材料

鸡蛋	1个
面包片	1片
黄油	1汤匙

制作时间：10 分钟 难度：★

鸡蛋面包片

蒂安娜在努力为开餐厅存钱，勤劳的她经常伴随着清晨的第一道阳光起床！这道鸡蛋面包片看起来就像冬天明媚的阳光。试着动手做一下吧！

1. 将鸡蛋打入碗中。如果有蛋壳不小心掉进了碗里，记得把它拿出来。

2. 用圆形模切工具在面包片上切下一块圆形面包片。

3. 将黄油放入平底锅中，开中火至黄油熔化。将面包片和圆形面包片一起放入锅中，煎至微黄并翻面。

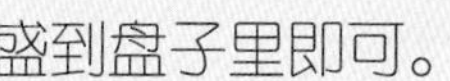

4. 将火调小，小心地将鸡蛋倒入面包片切开的圆中。盖上锅盖煎大约 3 分钟至鸡蛋凝固。如果想要全熟的鸡蛋，则将面包片和鸡蛋一起翻面，再煎 1 分钟左右。最后用锅铲把面包片盛到盘子里即可。

材料

牛油果	半个
全麦面包片	2片
奶油奶酪	1汤匙
去核黑橄榄	6颗
嫩菠菜叶	6片
盐	少许
黑胡椒粉	少许

制作时间：10分钟 难度：★

三眼仔吐司

这款以三眼仔为造型的吐司不仅看起来十分可爱，味道也相当不错哟。

制作步骤

1. 将牛油果肉挖到一个小碗里，然后用叉子捣碎。加入盐和黑胡椒粉调味，搅拌均匀后放置备用。

2. 将全麦面包片放在盘子里，用勺子取一半的牛油果分别放到 2 片面包上，像左图一样摆放。

3. 将奶油奶酪分成 6 份，捏成球状，然后略微压扁。在每片吐司上放 3 个奶油奶酪球，作为三眼仔的眼睛；再在每个奶油奶酪球上放 1 颗去核黑橄榄，作为它的眼球。

4. 用厨房剪刀将 4 片菠菜叶剪成耳朵的形状，插到牛油果肉和全麦面包片中间。然后将剩下的菠菜叶剪出天线和嘴巴的形状，像左图一样摆放即可。

材料

法棍面包	半根
香蕉	1 根
鸡蛋	2 个
牛奶	120 毫升
黄油	2 汤匙
枫糖浆	少许

制作时间：10 分钟　难度：★

香蕉法式吐司

想吃水果味的法式吐司吗？这道法式吐司的特色是它不仅有法式吐司的香浓，还有香蕉的清香。

制作步骤

1. 将法棍面包切成约 4 厘米长的小段。取其中一段，小心地用小刀沿横切面将其切成两部分。

2. 香蕉切片，将香蕉片放入法棍面包中。

3. 取一个浅口碗，打入鸡蛋，倒入牛奶，并搅拌均匀。将夹了香蕉片的法棍面包放入鸡蛋和牛奶的混合液中，使其上下两面都裹上混合液。

4. 在平底锅中放入 1 汤匙黄油，开中火至黄油熔化，然后将法棍面包放入锅中，每面煎 2~3 分钟，直到两面都变成金黄色。

5. 将煎好的法式吐司盛出，放上 1 汤匙黄油，再淋上枫糖浆就可以享用啦。

玉米面饼

史迪奇来到地球后，渐渐适应了地球人的生活，每天和莉萝一起吃饭、学习。这道香甜可口的玉米面饼就是史迪奇非常喜欢的一道早餐。

制作步骤

1. 将玉米面、面粉、白砂糖、酵母、牛奶倒入一个深口碗中，打入鸡蛋，充分搅拌成糊状。用保鲜膜盖好，放入冰箱冷藏室，发酵一晚。

2. 开中小火，将平底锅加热，用汤勺舀适量面糊，倒入锅中。煎大约半分钟，当面糊凝固且底部呈金黄色时翻面，再煎大约 2 分钟。中途可以多翻几次，使饼的两面受热均匀。所有的面糊用完后，将煎好的玉米面饼摆盘上桌即可。

材料
玉米面 180克
面粉 70克
酵母 4克
白砂糖 10克
牛奶 250毫升
鸡蛋 1个
制作时间：20分钟 难度：★

长发公主的松饼

帕斯考是长发公主乐佩最好的朋友，他会陪乐佩一起画画，和乐佩一起做早餐。

1. 首先将鸡蛋打入一个大碗中，然后依次加入牛奶、菜籽油和少量枫糖浆。

2. 再取一个小碗，将面粉、泡打粉和盐搅拌在一起，然后将其倒入步骤 1 制作的鸡蛋混合物中并搅拌，直到混合物变成糊状。

3. 轻轻地往面糊中拌入蓝莓和核桃碎。

4. 在平底锅中放入黄油，开中火加热至黄油熔化。调小火，用汤勺取适量面糊倒入锅中，煎 2~3 分钟后翻面再煎 1 分钟，至松饼的两面呈金黄色。

5. 重复步骤 4，将所有面糊都煎成松饼摞在一起。在最上面放上黄油，淋上剩余的枫糖浆，就可以端上桌啦。

材料

鸡蛋	1个
牛奶	180 毫升
菜籽油	2 汤匙
枫糖浆	1 汤匙
面粉	250 克
泡打粉	2 茶匙
盐	半茶匙
黄油	2 小块
蓝莓	180 克
核桃碎	1 汤匙

制作时间：15 分钟 难度：★

西式蛋饼

对于爱丽儿来说，赛巴斯丁既是亲密的好朋友，也是专业的厨艺顾问。看，赛巴斯丁正在教爱丽儿做西式蛋饼呢，和爱丽儿一起来学习怎么做吧！

制作时间：15 分钟 难度：★

材料

鸡蛋	2 个
水	1 茶匙
盐	少许
植物油	1 汤匙
黄油	1 汤匙
红色甜椒	半个
绿色甜椒	半个
洋葱	1/4 个
培根	3 片
切达干酪碎	20 克

制作步骤

1. 将红色甜椒、绿色甜椒、洋葱、培根都切成丁放在一旁备用。取一个小碗，打入鸡蛋，加入水和盐，搅拌均匀。

2. 开中火，在平底锅中倒入植物油，加入洋葱丁、红色和绿色甜椒丁、培根丁，翻炒 3 分钟，然后盛到一个大碗里。

3. 开中火，在平底锅内放入黄油，待其熔化后，倒入鸡蛋液，晃动平底锅，让鸡蛋液在锅内铺开。等鸡蛋液定型且看起来完全煎熟时，将步骤 2 炒好的馅料铺满鸡蛋饼的半边并撒上切达干酪碎，然后用另一半鸡蛋饼盖住馅料。

4. 盛出时，端起平底锅，稍微抖动一下，让蛋饼滑到盘子里即可。

材料

藜麦	200 克
水	750 毫升
牛奶	125 毫升
红糖	1 汤匙
肉桂粉	1 茶匙
蓝莓	100 克
杏仁	50 克

制作时间：25 分钟 难度：★

藜麦粥

这款藜麦粥美味又营养，是贝儿非常喜欢的早餐。这里面不仅有清甜的蓝莓和香脆的杏仁，还有饱满、有嚼劲的藜麦。

制作步骤

1. 将藜麦冲洗干净，和水一起放入锅中。开中火将藜麦和水煮至沸腾后，把火调小，盖上盖子继续煮 15 分钟，直到藜麦变软，水分被吸收。

2. 在锅中加入牛奶、红糖和肉桂粉，搅拌均匀，然后再煮 5 分钟。

3. 将煮好的藜麦粥盛在碗里，放上杏仁和洗干净的蓝莓，这样就可以开始享用了。

材料

土豆	3个
鸡蛋	6个
盐	1茶匙
无盐黄油	2汤匙
切碎的香料，如百里香、欧芹、韭菜或罗勒	1汤匙
切达干酪	250克

制作时间：40分钟 难度：★★

意式煎蛋饼

蒂安娜小的时候，经常和夏洛特一起玩“过家家”的游戏。这道意式煎蛋饼就是她们玩“过家家”的时候经常幻想的可口早餐。

1. 土豆削皮并切丁。蒸锅里加水，将土豆丁放进蒸笼里，盖上盖子，水开后蒸大约 10 分钟，直到土豆变软。然后将其放置一段时间，等变凉后拿出来。

2. 烤箱预热至 190 摄氏度。在一个大碗中打入鸡蛋，将盐、香料、切达干酪和土豆丁倒入鸡蛋中，搅拌均匀。

3. 使用可以放入烤箱的平底锅。在平底锅中放入黄油，开中小火至其熔化。然后将步骤 2 做好的混合物倒入锅中。盖上锅盖，煎大约 12 分钟，直到蛋饼的边缘凝固但中间仍可以流动。

4. 将装有蛋饼的平底锅转移到烤箱中，烤大约 2 分钟，至蛋饼的中心凝固，蛋饼表面呈褐色。

5. 将平底锅取出，蛋饼切成小份盛出，就可以享用啦！

材料

鸡蛋	3个
牛奶	360毫升
面粉	140克
白砂糖	1汤匙
盐	1/4茶匙
黄油	适量

饼的馅料（可选）：
果酱和奶油芝士
巧克力碎和香蕉片
花生酱和冰激凌

制作时间：10分钟 难度：★★

可丽饼

可丽饼是源自法国的一道街头美食，它的做法多样，里面可以填充各种馅料，做成咸味或甜味的。

1. 将面粉过筛，将 1 汤匙黄油放入微波炉中加热 1 分钟，然后将鸡蛋、牛奶、面粉、白砂糖、盐和熔化的黄油放入搅拌机中，搅拌至顺滑，再将面糊放入冰箱冷藏室静置 30 分钟。

2. 在平底锅中放入黄油，开中火加热。从冰箱中拿出面糊再次搅拌至顺滑。

3. 用汤勺取 1 勺面糊，倒入平底锅中，然后立即倾斜并旋转平底锅，使面糊均匀地覆盖整个锅的底部。

4. 小火煎大约 45 秒，等饼的边缘变成金黄色时翻面，再煎大约 30 秒。

5. 牢牢地抓住锅柄，迅速地将煎熟的可丽饼翻倒在一个大盘子里。

6. 在饼的表面放上你喜欢的馅料，盘子周围还可以放上你喜欢的水果作为点缀，一道好看又好吃的可丽饼就做好啦！

1

我烹饪的菜

2

自我评价

自我评价	
食材干净程度	优秀☆☆☆ 良好☆☆ 一般☆
成品味道	优秀☆☆☆ 良好☆☆ 一般☆
用具收纳整齐程度	优秀☆☆☆ 良好☆☆ 一般☆

3

下厨心得

4

家庭成员评价

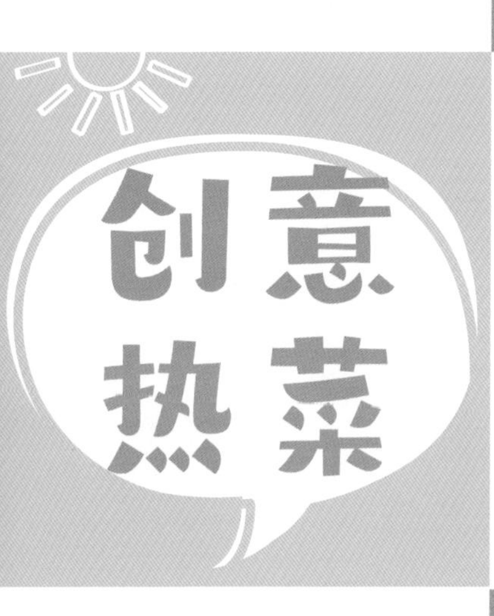
创意
热菜

水煮蛋

巴小飞从小就梦想成为和爸爸一样厉害的超人。你知道成为超人的秘诀之一是什么吗？那就是多吃蛋白质含量高的食物哟。

制作时间：15 分钟　难度：★

材料

鸡蛋	3 个
盐	1 茶匙

制作步骤

1. 鸡蛋清洗干净，放入煮锅。

2. 锅中加水，水面要高过鸡蛋，放盐并搅拌均匀。

3. 开大火，水烧开后转中火，再煮 8~10 分钟。

4. 将煮好的鸡蛋放在冷水中泡一会儿，就能剥壳食用了。

布鲁托煎蛋

布鲁托非常喜欢和米奇一起外出参加体育运动。这道美味的煎蛋可以为他们补充营养和能量。

1. 取一口平底锅，小火热锅后倒入食用油。

2. 放入圆形煎蛋模具（也可以不使用模具，做成自由形状），将鸡蛋打在模具里。

3. 小火煎蛋，煎至七分熟时，拿走模具，给鸡蛋翻面，再煎 1~2 分钟关火。轻轻地将煎蛋铲入盘中。

4. 在蛋黄中间挤上少许沙拉酱，作为布鲁托的眼睛。将黑芝麻酱挤入裱花袋，小心地给布鲁托挤上耳朵、眼球和鼻子。一道布鲁托煎蛋就做好啦！

材料

食用油 少许
鸡蛋 2 个
黑芝麻酱 10 克
沙拉酱 少许

制作时间：10 分钟 难度：★

材料

鸡蛋	2个
牛奶	2汤匙
盐	少许
黑胡椒粉	少许
黄油	1/3汤匙
火腿丁	2汤匙
西红柿丁	2汤匙

制作时间：10分钟 难度：★

炒鸡蛋

长发公主乐佩非常擅长使用平底锅做菜。小朋友，快向她学一学如何使用平底锅来做一道营养的炒鸡蛋吧！

1. 将鸡蛋打入小碗中，加入牛奶、盐和黑胡椒粉，搅拌均匀。
2. 开小火，在平底锅中放入黄油，待黄油熔化后倒入鸡蛋液，用锅铲将蛋液快速划散。
3. 待鸡蛋液凝固后倒入切好的火腿丁和西红柿丁。
4. 继续翻炒 3~4 分钟，待鸡蛋熟透后盛出即可。

如果想要炒出来的鸡蛋蓬松柔软，你可以在将鸡蛋液倒入平底锅之前，多搅拌 1~2 分钟。

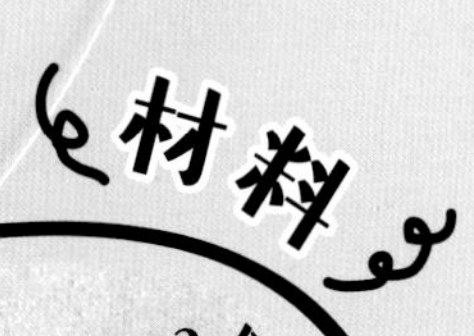

材料

鸡蛋	3个
盐	半茶匙
肉末	100克
蚝油	1汤匙
生抽	1汤匙
白砂糖	1茶匙
玉米淀粉	10克
食用油	10克
芝士片	1片
黑芝麻酱	10克
火腿肠	半根
温水	适量

制作时间：25分钟 难度：★

肉末蒸蛋

鲜香可口的肉末蒸蛋是一道非常受欢迎的菜。尤其是将奇奇的造型设计融入这道菜之后，你一定会胃口大开！

制作步骤

1. 碗中打入 3 个鸡蛋，加盐打散，然后倒入适量温水并搅拌均匀。

2. 蛋液过筛 2 次倒入碗中，盖上保鲜膜，用牙签或叉子在保鲜膜上扎几个小孔，等水开后上锅蒸 10 分钟。

3. 另起锅，倒入食用油，油热后下肉末，炒至肉末变色后，加入蚝油、生抽、白砂糖炒匀。将玉米淀粉倒入半碗水中调匀，淋入肉末中，将肉末煮至浓稠。

4. 如左图所示，用勺子将肉末舀在蒸蛋上面，作为奇奇的前额。再舀 2 勺肉末放在碗的边沿，用勺子整理出耳朵的形状。

5. 剪出 1 小块芝士片作为鼻子；切 4 片火腿肠，作为耳朵和脸的装饰；最后将黑芝麻酱装入裱花袋，在蛋羹上画出奇奇的眼睛和鼻子凸起的部分。一道美味的肉末蒸蛋就完成啦。

西红柿炒蛋

西红柿炒蛋是一道老少皆宜的菜。它烹饪过程简单，味道可口，营养丰富，再搭配上可爱的雪宝饭团，一定会让你更有食欲哟！

1. 西红柿用刀划十字，放入碗中，倒入热水烫 2 分钟，捞起后过冷水，去皮、切块。

2. 鸡蛋打散，搅拌均匀。开中火，待锅热后加入 1 汤匙食用油，油热后，倒入鸡蛋炒熟，盛碗里备用。

3. 锅里再放少许食用油，倒入西红柿翻炒一下，加入少许盐，小火炒出汁，然后倒入鸡蛋翻炒均匀，盛在盘子里。

4. 戴上一次性手套，把白米饭捏成椭圆形，作为雪宝的头，接着再捏出雪宝的身子和腿。然后用勺子在雪宝下巴的两侧按压，使雪宝的下巴尖尖、脸蛋儿圆圆。

5. 用小剪刀将海苔片剪成嘴巴、眼球和纽扣的形状，在白色芝士片上压出 2 个小圆作眼睛。小葱切段作手和头发。

6. 把雪宝饭团轻轻地放到西红柿炒蛋上，再将白色芝士片用雪花模具压出雪花，放在盘中作为装饰即可。

材料

西红柿	2个
鸡蛋	2个
小葱	1根
盐	半茶匙
食用油	2汤匙
米饭	1碗
海苔	1片
芝士	1片

制作时间：15分钟 难度：★

柠檬胡萝卜

秋天到了，米妮菜园里的胡萝卜实现了大丰收。小朋友，快来学一学如何用胡萝卜做一道美味菜肴吧！

1. 首先将胡萝卜洗净、去皮，切掉胡萝卜的顶部和底部，然后将胡萝卜切成片。

2. 将胡萝卜片、水、黄油和蜂蜜都放到平底锅中，开中火煮至沸腾。然后把火调小，煮的过程中要不时地搅拌，使得黄油、蜂蜜和胡萝卜片均匀地混在一起。

3. 等到平底锅中只剩一点儿水，胡萝卜变软到用叉子可以戳穿时，加入柠檬汁和盐。

4. 把火调小，再煮 1 分钟左右关火。用筷子将胡萝卜片如右图所示摆盘，会非常好看呢！

材料

胡萝卜	1~2 根
水	1碗
黄油	1汤匙
蜂蜜	1汤匙
新鲜柠檬汁	1茶匙
盐	半茶匙

制作时间：15 分钟 难度：★

材料

植物油	1茶匙
红色甜椒	半个
玉米	1个
干罗勒	1茶匙
黄油	半茶匙
盐	半茶匙
黑胡椒粉	少许

制作时间：10分钟 难度：★

甜椒炒玉米

甜椒炒玉米是一道色彩缤纷的菜，不仅好看，营养也很丰富呢！

制作步骤

1. 红色甜椒切丁，玉米剥粒。

2. 将植物油倒入平底锅中，开中小火，油热后，将甜椒丁倒进去，翻炒 2 分钟。

3. 锅内倒入玉米粒、干罗勒、黄油，翻炒 5 分钟。

4. 把锅从炉灶上移开，加入盐和黑胡椒粉调味，再搅拌均匀即可。

芦笋炒虾仁

莱莉喜欢吃芦笋炒虾仁，每次吃到这个菜，她的脑海里就会出现爱笑的乐乐的身影。

制作步骤

1. 虾仁清洗干净，加入少许料酒、盐，抓匀，腌 10 分钟。腌完后倒掉多余的汁水。

2. 芦笋清洗干净，去老根，其余部分切成段。大蒜切成片。

3. 锅里加入水，烧开后倒入芦笋，焯水 1 分钟后捞出，沥干水分。

4. 取一口平底锅，开小火，放橄榄油，倒入蒜片炒香后，倒入虾仁，翻炒至虾仁变红。

5. 倒入芦笋，翻炒均匀，加盐后略翻炒即可出锅。

材料

新鲜芦笋	300 克
虾仁	200 克
大蒜	3 瓣
橄榄油	1 汤匙
料酒	适量
盐	适量

制作时间：10 分钟 难度：★

材料

空心菜	250 克
大蒜	3 瓣
食用油	1 汤匙
盐	半茶匙

制作时间：10 分钟 难度：★

蒜蓉空心菜

米奇一直践行着绿色生活方式，保持着低碳环保的好习惯。同时，他也喜欢吃各种绿色蔬菜，这能为他的身体提供更均衡的营养。

制作步骤

1. 空心菜清洗干净后切成段，放在篮子里沥干水分。大蒜切片。

2. 开中大火，锅热后倒入食用油，油热后倒入蒜片爆香。

3. 倒入空心菜，翻炒 3 分钟至空心菜断生，加盐调味即可。

小贴士

绿叶菜清洗小技巧：绿叶菜择干净后，可以放入清水中浸泡 10 分钟，然后在流动的清水下冲洗 2~3 遍。

四季豆炒口蘑

在蒂安娜的指导下，莱文王子的厨艺进步很大！小朋友，和莱文王子学做这道四季豆炒口蘑，顺便锻炼一下备菜手艺吧！

制作时间：20 分钟 难度：★

材料

材料	用量
四季豆	500 克
口蘑	200 克
洋葱	50 克
橄榄油	2 汤匙
荸荠	200 克
大蒜	2 瓣
干罗勒	半茶匙
盐	半茶匙
黑胡椒粉	少许

制作步骤

1. 四季豆洗干净，去掉两端的老根，去筋，掰成小段。口蘑洗干净，切成片。荸荠去皮，切成片。大蒜和洋葱切碎。

2. 把四季豆放在锅里，倒入冷水，水要没过四季豆。开大火，先把水烧开，然后调小火，再煮大约 8 分钟，直到四季豆变软。

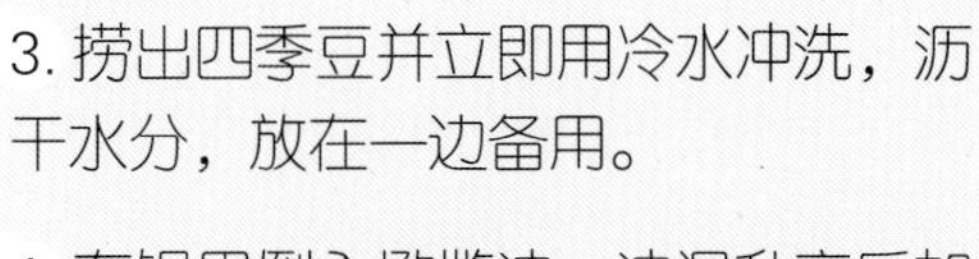

3. 捞出四季豆并立即用冷水冲洗，沥干水分，放在一边备用。

4. 在锅里倒入橄榄油，油温升高后加入大蒜、洋葱和口蘑爆香，翻炒约 5 分钟，直到食材变软。加入荸荠、干罗勒、盐和黑胡椒粉，倒入四季豆，搅拌均匀并翻炒 3~4 分钟，使所有食材熟透即可。注意：四季豆比较难熟，出锅前可以请大人帮忙判断四季豆是否熟透。

小贴士

四季豆烹饪小技巧：四季豆在炒之前可以先焯水，在滚烫的水中煮几分钟，能让四季豆更容易熟哟！

牛肉炒西蓝花

黛丝做的牛肉炒西蓝花是米奇和朋友们最爱的菜之一。每当菜单上出现这道菜时，米奇和朋友们都会十分欣喜。

1. 生姜剁成末，牛肉切成薄片，西蓝花掰成小块。将玉米淀粉倒入小碗中，倒入冷水并搅拌，直到玉米淀粉完全溶解，然后倒入生抽、红糖、姜末和大蒜粉，搅拌至充分混合。

2. 将菜籽油倒入平底锅中，锅热后倒入切好的牛肉片，中火翻炒约 5 分钟直到熟透，然后将牛肉片盛到一个小碗里备用。

3. 将西蓝花放入平底锅中，中火翻炒 2 分钟，然后将炒好的牛肉倒进去。

4. 将调好的酱汁浇在西蓝花和牛肉上，充分搅拌后继续翻炒，直到酱汁变得浓稠后盛出。这样就可以和米饭一起享用啦！

材料

冷水	160 毫升
玉米淀粉	2 汤匙
生抽	1 茶匙
红糖	1 汤匙
生姜	3 克
大蒜粉	半茶匙
菜籽油	2 汤匙
牛肉	340 克
西蓝花	半棵

制作时间：20 分钟　难度：★

材料
豌豆 200克
瘦猪肉 100克
大蒜 3瓣
橄榄油 1汤匙
盐 半茶匙
制作时间：20分钟 难度：★

肉末炒豌豆

蒂安娜最喜欢在假期为家人做饭了，这道肉末炒豌豆就是她的爸爸妈妈最爱的菜。

1. 用绞肉机将瘦猪肉绞成末，大蒜切成片。煮锅内装水，开中火，水沸腾后倒入豌豆煮 5 分钟，然后捞出来沥干水分。

2. 平底锅内倒入橄榄油，加入蒜片略微翻炒，然后加入剁好的肉末，翻炒 2 分钟。

3. 加入沥干水分的豌豆，再翻炒 2 分钟，然后加盐并略微翻炒即可。

煎三文鱼

每个清晨，贝儿都会早早地起床，去菜市场买最新鲜的三文鱼。一起和她来学做这道操作简单又美味的煎三文鱼吧！

制作步骤

1. 大蒜切碎。将酸奶油、蛋黄酱和牛奶倒入一个小碗内，搅拌至奶油状。再加入莳萝、大蒜、盐和黑胡椒粉调味，搅拌均匀，放到一边备用。

2. 冲洗三文鱼排，并用厨房纸巾擦干水分。将柠檬汁挤到三文鱼排上，再撒上盐和黑胡椒碎。

3. 在平底锅中倒入橄榄油，开小火。锅热后将三文鱼排放进去，煎 8~10 分钟，过程中适时翻面，等鱼肉从亮粉色变成淡橙色就可以盛出装盘了。

4. 将步骤 1 做好的莳萝酱浇在三文鱼上，就可以享用啦。

材料
柠檬 半个
酸奶油 125克
蛋黄酱 60克
牛奶 2汤匙
莳萝 1茶匙半
橄榄油 适量
三文鱼排 1块（约170g）
大蒜 1瓣
盐 适量
黑胡椒粉 少许
黑胡椒碎 少许
制作时间：20分钟 难度：★

材料

植物油	1 汤匙
鸡胸肉	1 块
洋葱	1 个
黄油	2 汤匙
咖喱粉	1 汤匙半
大蒜粉	少许
椰浆	400 毫升
葡萄干	80 克
苹果	半个

制作时间：25 分钟 难度：★★

咖喱鸡

精灵是阿拉丁的好朋友，他能帮阿拉丁实现3个愿望。这道咖喱鸡可以满足你对于晚餐主菜的3个愿望：营养、美味、色泽好。如果你更喜欢吃牛肉，也可以将这道菜中的鸡胸肉换成牛腩。

制作步骤

1. 鸡胸肉切成小块，洋葱切碎，苹果去皮后放入绞肉机打成碎。

2. 将植物油倒入锅中，大火加热，接着放入鸡胸肉和洋葱，翻炒6~7分钟，然后盛出。

3. 调小火，在锅中放入黄油至熔化，再加入咖喱粉和大蒜粉，煮1~2分钟。

4. 加入椰浆、葡萄干和磨碎的苹果，然后把炒好的鸡胸肉和洋葱放进去，盖上锅盖炖10分钟。

5. 将做好的咖喱鸡盛出，它可以单独成一道菜，也可以配上米饭一起食用！

煎鱼饼

梅莉达和妈妈埃莉诺王后一看到小鱼，就会想起她们的冒险经历。要知道在饥肠辘辘的时候，小鱼饼可是能填饱肚子的好东西。

制作时间：40 分钟　难度：★★

材料

鸡蛋	1 个
鳕鱼	340 克
面包糠	5 汤匙
蛋黄酱	2 汤匙
青柠汁	1 汤匙
辣椒粉	1/4 茶匙
芹菜盐	1/4 茶匙
黑胡椒粉	少许
植物油	3 茶匙
黄油	半茶匙

制作步骤

1. 将鸡蛋打入一个大碗中，打散备用。

2. 将鳕鱼剁碎，倒入盛有蛋液的大碗中。然后在碗中放入蛋黄酱、青柠汁、辣椒粉、芹菜盐和黑胡椒粉，搅拌均匀。

3. 用保鲜膜盖住碗口，放入冰箱冷藏 15 分钟。

4. 戴上一次性手套，将调好味的鳕鱼捏成丸子后压扁，裹上面包糠。

5. 将植物油和黄油放入平底锅中用中小火加热。当黄油开始起泡时，将鱼饼放入锅中。每面各煎 3~4 分钟，然后就可以盛出享用啦。

普罗旺斯炖菜

普罗旺斯炖菜是源自法国南部的一道家常菜。它使用的食材丰富，烹饪过程却并不复杂。小厨师，快来学做一下这道菜吧！

1. 将茄子、红色甜椒、西葫芦和西红柿切成丁，洋葱切成细条，大蒜切碎。把茄丁放在篮子里，撒上盐，静置1个小时，然后挤干水分。

2. 将橄榄油倒入平底锅中，开中火。锅热后倒入茄丁，翻炒至变色，然后加入洋葱和黑胡椒粉。接着加入大蒜、西葫芦和西红柿，翻炒均匀后，炖15~30分钟，直到所有的食材都变软。

3. 最后放入盐、黑胡椒粉和罗勒叶，撒上帕玛森干酪后即可出锅。你可以把这道菜搭配上米饭一起食用。

材料

茄子	1 个
橄榄油	4 汤匙
洋葱	1 个
红色甜椒	1 个
大蒜	3 瓣
小西葫芦	4 个
西红柿	4 个
盐	2 茶匙
黑胡椒粉	少许
新鲜罗勒	6 克
帕玛森干酪	适量

制作时间：40 分钟　难度：★★

材料

水	750 毫升
豌豆	170 克
鸡汤	1000 毫升
玉米淀粉	3 汤匙
土豆	2 个
鸡胸肉	300 克
玉米粒	适量
盐	1 茶匙
黑胡椒粉	少许

制作时间：30 分钟 难度：★★

鸡肉炖土豆

米妮做的这道鲜美多汁的鸡肉炖土豆一直很受朋友们的喜爱。来看看这道菜是怎么做的吧!

1. 将鸡胸肉放入装水的煮锅中，注意水要没过鸡胸肉。开中火，等水开之后转小火，将鸡胸肉煮 5~10 分钟后捞出。凉凉后，将鸡胸肉切成小块。

2. 土豆去皮，切成丁，放入煮锅中。再倒入 700 毫升水，开中大火煮至沸腾后转小火，煮 5~7 分钟，至土豆软烂。

3. 将豌豆、玉米粒、鸡汤都倒入煮土豆的锅中搅拌均匀，开大火煮沸，然后调小火，煨 3~4 分钟。

4. 将剩下的 50 毫升水倒入一个小碗中，拌入玉米淀粉，搅匀后倒入炖菜中，用勺子多次搅拌。然后再炖 2 分钟使汤汁变浓稠。最后加入黑胡椒粉和盐调味即可。

牛肉炖锅

你知道真正的牛仔是如何庆祝圣诞节的吗？胡迪给了我们答案：当然是和好朋友一起享用一道香浓的牛肉炖锅啦！

制作步骤

1. 牛肉放入绞肉机中绞碎，洋葱切丁，白芸豆和红芸豆清洗干净后沥干水分。

2. 开中火，在锅中倒入橄榄油，放入洋葱丁爆香，再倒入牛肉末，翻炒至洋葱变软，牛肉丁变成棕色。

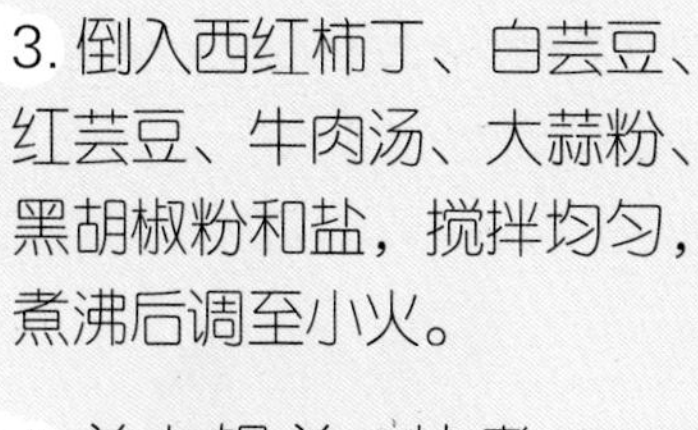

3. 倒入西红柿丁、白芸豆、红芸豆、牛肉汤、大蒜粉、黑胡椒粉和盐，搅拌均匀，煮沸后调至小火。

4. 盖上锅盖，炖煮 30~45 分钟。炖的时间越长，味道就越香浓。炖熟后盛出，撒上切成丝的切达干酪后就可以上桌啦。

材料
瘦牛肉 500 克
洋葱 50 克
西红柿丁 1罐（400 克）
白芸豆 200 克
红芸豆 200 克
牛肉汤 400 毫升
大蒜粉 2 茶匙
橄榄油 2 汤匙
盐 1 茶匙
黑胡椒粉 1 茶匙
切达干酪 100 克
制作时间：40 分钟 难度：★★

芝士火锅

在寒冷的冬天，吃上一口热乎乎的芝士火锅，真的很幸福呢！相信这道别有一番风味的芝士火锅一定能在冬天给你带来温暖和惊喜。

制作时间：50 分钟　难度：★★

材料

切达干酪	350 克
面粉	4 汤匙
红甜椒粉	1/4 茶匙
肉豆蔻粉	1/4 茶匙
大蒜	1 瓣
黄油	3 汤匙
牛奶	610 毫升
柠檬	1 个
盐	1 茶匙
黑胡椒粉	1 茶匙
法棍面包	1 根
胡萝卜	1 根
甜椒	2 个
樱桃番茄	100 克

制作步骤

1. 首先，将切达干酪磨碎放入碗中，撒入 1 汤匙面粉搅拌均匀，放在一边备用。

2. 在另一个碗中，倒入剩余的 3 汤匙面粉、红甜椒粉和肉豆蔻粉，搅匀。

3. 将蒜瓣切成两半，然后放入平底锅中，反复摩擦，使锅底沾满蒜汁。

4. 在平底锅中用中小火熔化黄油，再加入步骤 2 中制作的面粉混合物搅拌至顺滑，这样可以增加火锅浓稠的口感。接着分 3 次加入牛奶，过程中不断搅拌，直到面糊呈奶油状。

5. 接下来分批加入磨碎的切达干酪，每加入一部分后都搅拌均匀，直到切达干酪全部倒入锅中，与面糊彻底混合。等到切达干酪熔化后，将柠檬挤出汁，在锅中加入柠檬汁、盐和黑胡椒粉调味。这样芝士火锅的锅底就做好了。

6. 准备火锅食材。把法棍面包切成小方块，放在盘子里。将胡萝卜和甜椒切成块，把胡萝卜块放在沸水中焯 3 分钟后捞出，和甜椒、樱桃番茄一起都放在一个盘子里。

7. 将芝士火锅的锅底倒入一个小锅中。你可以将面包或蔬菜用扦子串起来，然后放入锅中略微浸泡，拿出来就可以享用啦！

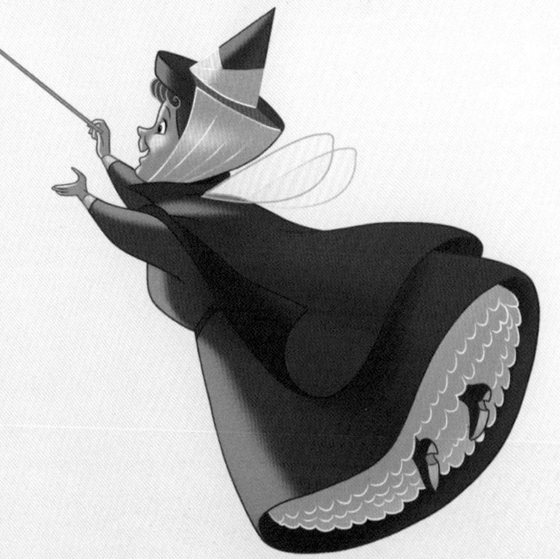

材料

鲈鱼	1条
生姜	5克
小葱	2根
盐	1茶匙
白胡椒粉	少许
料酒	10克
蒸鱼豉油	10克
植物油	1汤匙

制作时间：15 分钟 难度：★★

清蒸鲈鱼

自从有了卢卡和阿贝托的帮助，朱莉娅再也不用担心捕不到鱼了。这天，他们又一起出海，收获了好多的鱼。小朋友，一起来学做这道美味的清蒸鲈鱼吧！

制作步骤

1. 鲈鱼清洗干净，用厨房纸巾擦干水分。生姜切成片，小葱切成丝。将鱼抹上盐和白胡椒粉，洒上料酒，放入生姜片和一部分葱丝腌制 10 分钟。

2. 请大人帮忙找出一口大蒸锅。蒸锅加水，水烧开后，把腌好的鲈鱼放入蒸屉中，蒸 7~10 分钟。

3. 蒸完后请大人帮忙把鱼取出，将盘子里蒸出的汁水倒掉，接着放上葱丝，淋上蒸鱼豉油。

4. 取一口平底锅，倒入植物油，油烧热后淋在鱼上即可。

小贴士

蒸锅中水蒸气的温度非常高，使用蒸锅时一定要请大人帮忙哟。

红烧鸡翅

小宏喜欢和朋友们一起参加激动人心的冒险，也喜欢和他们一起分享美味可口的食物。这道红烧鸡翅就是小宏和朋友们最爱的食物之一。

材料

鸡翅中	250 克
生姜	10 克
大蒜	2 瓣
小葱	1 根
八角	1 粒
香叶	2 片
蚝油	1 汤匙
老抽	1 汤匙
生抽	1 汤匙
料酒	1 汤匙
植物油	1 汤匙
冰糖	4 颗
盐	适量
熟芝麻	少许
水	适量

制作步骤

1. 鸡翅中洗净，冷水入锅汆出血水后捞出，沥干水分。

2. 生姜、大蒜切片，小葱切成段。

3. 锅中倒入植物油，放入生姜片、蒜片和葱段爆香，再放入鸡翅中翻炒。

4. 待鸡翅中变色后，放生抽、蚝油、老抽、料酒，翻炒均匀。

5. 倒水没过鸡翅中，放入冰糖、八角和香叶。开大火煮至沸腾后再转中小火炖 20 分钟，然后根据个人口味加入适量的盐。大火收汁后，盛出并撒上少许熟芝麻即可。

小贴士

米饭用保鲜膜包裹，分别捏出大白的头和四肢，再如左图所示和鸡翅一起摆盘，最后用樱桃番茄略装饰。

西红柿肉丸

对于米妮的朋友们来说，最幸福的事之一莫过于吃到米妮做的西红柿肉丸了。这道菜也可以搭配意大利面一起食用。

1. 将烤箱预热至 220 摄氏度。在烤盘上刷上少许食用油。

2. 将半罐西红柿酱倒入一个大的搅拌碗中，剩下的西红柿酱都倒进平底锅里，然后把平底锅放在一边。

3. 牛肉剁碎。将剩余的食材和调料都放入搅拌碗中，用勺子搅拌至所有食材充分混合。将混合物用手捏成多个直径约 4 厘米的肉丸。

4. 使用烤箱时请大人帮忙。将肉丸一一放在烤盘上，放入烤箱烤 8 分钟后取出翻面，再烤 6~8 分钟，直到肉丸熟透，表面变成褐色。

5. 将肉丸放入盛有西红柿酱的平底锅中。盖上锅盖，用中火煨炖。西红柿酱冒泡后，调小火，继续炖约 20 分钟，过程中不时地搅拌，最后盛出即可。

材料

食用油	少许
西红柿酱	1罐（907克）
牛肉	450克
鸡蛋	1个
面包糠	4汤匙
帕玛森干酪碎	2汤匙
牛至叶碎	1茶匙
大蒜粉	半茶匙
盐	1/4茶匙
黑胡椒粉	1/8茶匙

制作时间：40分钟 难度：★★

烤鸡柳

仙女们正在为爱洛筹备生日派对的晚餐。这道烤鸡柳的制作过程并不复杂，不擅长做饭的仙女们也能轻松做好。

制作时间：30 分钟 难度：★★

材料

材料	用量
黄油饼干	10 片
帕玛森干酪碎	30 克
大蒜粉	半茶匙
甜椒粉	半茶匙
盐	1/4 茶匙
黑胡椒粉	1/4 茶匙
鸡蛋	2 个
水	2 汤匙
蜂蜜	1 汤匙
鸡胸肉	680 克

制作步骤

1. 将烤箱预热至 205 摄氏度。在烤盘上铺上烘焙纸。

2. 将黄油饼干捣碎，把黄油饼干碎、帕玛森干酪碎、大蒜粉、甜椒粉、盐和黑胡椒粉都放进一个可密封的保鲜袋中，充分混合。

3. 在一个中等大小的碗里打入鸡蛋，倒入水和蜂蜜，然后搅拌均匀。

4. 用厨房纸巾将鸡胸肉拍干，切成细条状，再将鸡胸肉条放入步骤 3 调好的鸡蛋液中，使蛋液均匀地挂到鸡胸肉条上。

5. 用筷子把鸡胸肉条夹到步骤 2 装有调料的保鲜袋中，将保鲜袋密封，多次摇晃，使鸡胸肉条均匀地裹上调料，然后把鸡胸肉条放在烤盘上。

6. 使用烤箱时请大人帮忙。将鸡胸肉条放入烤箱烤 10 分钟，然后翻面，继续烤 10 分钟左右，直到鸡胸肉条完全熟透。最后，在大人的帮助下，将鸡胸肉条从烤箱中取出，装盘即可。

小贴士

你可以为这道烤鸡柳配上蜂蜜芥末酱或烧烤酱做蘸料。

酥脆烤鱼条

这道酥脆烤鱼条是小猫费加罗最爱的美食之一。烤鱼条里面的鱼肉鲜嫩，外面裹有酥脆的面包糠，非常美味。

制作时间：40 分钟 难度：★★

材料

面粉	30 克
甜椒粉	1/4 茶匙
黑胡椒粉	1/8 茶匙
鸡蛋	1 个
帕玛森干酪碎	1 汤匙
新鲜的鳕鱼	220 克
盐	1/4 茶匙
面包糠	80 克
食用油	少许

制作步骤

1. 将烤箱预热至 205 摄氏度。在烤盘上刷上少许食用油。

2. 在一个小碗里，将面粉、甜椒粉、黑胡椒粉和盐搅拌在一起。

3. 将鸡蛋在一个空碗中打散。

4. 再找一个碗，将面包糠和帕玛森干酪碎搅拌到一起。

5. 将鳕鱼切成大小大致相同的条状。

6. 为每条鳕鱼裹上步骤 2 制作的面粉混合物，蘸上鸡蛋液，再裹上步骤 4 制作的面包糠混合物，最后摆放到烤盘上。

7. 使用烤箱时请大人帮忙。将鳕鱼放进烤箱烤 10 分钟，然后取出翻面，再烤 8~10 分钟后取出装盘即可。

小贴士

你可以为这道烤鱼条配上西红柿酱或塔塔酱做蘸料。

皇家烤鸡

每月一次的皇家家庭聚会即将举办，厨师们正在为此做准备。这道喷香的皇家烤鸡是大家公认最美味的一道菜。

1. 将小土豆切成滚刀块，柠檬切成小瓣，大蒜用刀拍裂，茴香切成段。将烤箱预热至220摄氏度。在烤盘中放入2汤匙橄榄油，然后均匀地铺上茴香段和小土豆块，接着均匀地撒上半汤匙盐和1/4茶匙黑胡椒粉进行调味。

2. 将鸡肉放在调好味的土豆块上。将剩余的橄榄油、盐、黑胡椒粉和迷迭香碎都放在鸡肉上。

3. 将柠檬瓣和大蒜瓣塞在鸡的周围，然后请大人帮忙放进烤箱，烤45~60分钟，直到鸡肉表皮变得金黄酥脆。你还可以根据喜好，撒上一些茴香和迷迭香后再端盘上桌。

材料

橄榄油	5 汤匙
茴香	1 根
小土豆	4 个
盐	1 汤匙半
黑胡椒粉	3/4 茶匙
整鸡	1 只（1.5 千克）
迷迭香碎	3 汤匙
柠檬	1 个
大蒜	4 瓣

制作时间：70 分钟 难度：★★★

1

我烹饪的菜

2

自我评价

自我评价	
食材干净程度	优秀☆☆☆　良好☆☆　一般☆
成品味道	优秀☆☆☆　良好☆☆　一般☆
用具收纳整齐程度	优秀☆☆☆　良好☆☆　一般☆

3

下厨心得

4

家庭成员评价

营养主食

材料

蛋黄酱	40 克
大蒜粉	1/4 茶匙
甜椒粉	1/4 茶匙
白吐司面包片	5 片
全麦吐司面包片	5 片
火腿片	5 片
芝士片	5 片

制作时间：10 分钟 难度：★

花朵三明治

蒂安娜和纳文生活在小河边，那里一年四季都生长着各式各样的花儿。小朋友，学习制作这道花朵三明治，让它为你开启美好的一天吧！

制作步骤

1. 将蛋黄酱、大蒜粉和甜椒粉倒在一个小碗里，混合均匀。

2. 将花形模具分别放在白吐司面包片和全麦吐司面包片中间，用力按压，压出花朵的形状。

3. 用一个小的圆形模具放在每个花朵状面包的上面，压出小圆形。将压好的小圆白吐司面包和全麦吐司面包交换位置摆放。

4. 按照步骤 2 的方法，将火腿片和芝士片也压出花朵的形状。

5. 在花朵状的全麦吐司面包上面涂抹蛋黄酱混合物，然后在上面依次放上压好的花朵状火腿片和芝士片，最后放上花朵状的白吐司面包即可。

你还可以使用其他形状的模具，制作出许多不同形状的三明治。

米奇香煎馒头片

这道米奇香煎馒头片的制作过程十分简单，只需几分钟就能做好。你可以把它当作早饭或小零食。

1. 白馒头切成片，在烘焙纸上画出米奇的头和耳朵并剪下来，然后以此为模型，用厨房剪刀小心地将馒头片剪出米奇的头和耳朵的形状。

2. 鸡蛋打散，放入馒头片，使馒头片裹满鸡蛋液。

3. 平底锅刷食用油，放入馒头片，小火煎至两面金黄即可。

4. 在煎好的馒头片上挤上西红柿酱或黑芝麻酱，作为装饰。

5. 把吸管插在白馒头的边角料上，压出小圆形，作为装饰放在煎好的馒头片上即可。

材料

白馒头　2个
鸡蛋　2个
黑芝麻酱　5克
西红柿酱　5克
食用油　1茶匙

制作时间：10分钟　难度：★

材料

米饭	2小碗
鸡蛋	1个
胡萝卜粒	1汤匙
小葱	1根
盐	半茶匙
食用油	1汤匙

制作时间：10 分钟 难度：★

蛋炒饭

在动物城，要想成为一名出色的警察，必须要好好吃饭，因为只有这样，才有力气不停地奔跑。相信这道喷香的蛋炒饭一定能给你提供能量。

1. 碗里打入鸡蛋，用筷子打散。小葱切碎。

2. 开中火，在锅中倒入半汤匙食用油，待油烧热后，倒入鸡蛋，翻炒至结块后盛出。

3. 锅里倒入半汤匙食用油，油热后倒入米饭、胡萝卜粒，翻炒均匀，5 分钟后倒入炒好的鸡蛋，放盐，略翻炒后，撒上葱花即可。

材料
小南瓜　1个
制作时间：20 分钟 难度：★

蒸南瓜

秋天到了，阿伦黛尔又迎来了南瓜丰收的季节。香甜可口的南瓜不仅可以做菜，也可以蒸熟后作为主食食用哟！

1. 小南瓜清洗干净，沿纹路切开，将瓤和籽去掉。

2. 在蒸锅内装入足量的清水，开中火，待水烧开后，将小南瓜放在蒸笼上，蒸 15~20 分钟即可。蒸的过程中，要注意密切关注锅内的水量，以防烧干。

你也可以使用同样的方法，蒸其他你喜欢的粗粮，如玉米、红薯、山药等。但注意有些粗粮不容易消化，最好不要吃多哟！

简易蜗牛卷

简易蜗牛卷是一款以蜗牛为造型的创意卷饼。你可以通过制作这款卷饼来练习刀工和动手能力。

1. 将圆形的墨西哥薄饼修剪成方形，然后在上面涂上一层薄薄的蛋黄酱。

2. 将生菜铺在上面，再放上即食火腿片和芝士片，然后将饼紧紧地卷起来，作为“蜗牛”的“壳”。

3. 将酸黄瓜从中间斜着切成两段，取其中的一段，作为“蜗牛”的“头”。将韭菜切成段。在酸黄瓜的顶端用小刀戳 2 个小孔，在每个孔里都插上一段韭菜，作为“蜗牛”较长的一对“触角”。

4. 将装饰好的酸黄瓜段放在蜗牛卷的中部，必要时还可以使用牙签将它们固定在一起。

材料

蛋黄酱	1汤匙
墨西哥薄饼	1张
生菜	1片
即食火腿片	1片
芝士片	1片
酸黄瓜	2根
韭菜	1根

制作时间：10 分钟 难度：★

材料

南瓜	300 克
小米	100 克
水	1000 毫升

制作时间：40 分钟 难度：★

南瓜小米粥

在朋友们生病没有胃口的时候，白雪公主会给他们做南瓜小米粥。温热的南瓜小米粥清甜软糯，喝下去可以让人倍感舒适。

制作步骤

1. 小米洗干净，提前用清水泡上 1 个小时。

2. 将南瓜去皮，掏去瓤和籽，切成片。在蒸锅中装入足量的清水，将装好南瓜片的盘子放在蒸笼上，开中火，蒸大约 20 分钟，至南瓜变得软烂便可取出。此时蒸锅温度较高，你可以请大人帮忙。

3. 在炖锅中装水，水烧开后倒入浸泡好的小米。煮 10 分钟后，倒入蒸好的南瓜，继续煮 10 分钟，过程中不停地搅拌。待南瓜小米粥变得黏稠时，关火盛出，充分冷却后即可食用。

八宝粥

在一天的练习结束后，花木兰总会喝上一碗热腾腾的八宝粥。这碗香甜的八宝粥能给花木兰一天的辛苦练习画上一个完美的句号！

制作步骤

1. 将除了红枣和白砂糖以外的其他食材都倒入碗中，淘洗干净，提前浸泡一夜。

2. 将浸泡好的食材和洗干净的红枣一起放入电饭锅中，加入大约 2000 毫升水后，选择煮粥模式即可。煮好后可根据个人喜好加入适量的白砂糖，搅拌至溶化即可。

小贴士

白砂糖虽然能增加甜味，但要适量食用哟！

材料

黑米	50 克
薏米	30 克
糯米	120 克
红豆	30 克
花生	30 克
红枣	5 颗
莲子	50 克
小米	30 克
白砂糖	适量
水	2000 毫升

制作时间：40 分钟 难度：★

材料

鲜面条	150 克
鸡蛋	1 个
上海青	3 棵
火腿肠	1 根
大蒜	2 瓣
洋葱	10 克
生抽	1 茶匙
盐	半茶匙
食用油	2 茶匙

制作时间：25 分钟 难度：★

火腿肠炒面

蒂安娜的餐厅推出了新的主食选择——火腿肠炒面，这引得店里生意爆满。你也来跟着学一学吧！

1. 将鸡蛋在碗中打散。将上海青洗净，火腿肠切成片，大蒜和洋葱切碎。

2. 在锅内装入清水，水烧开后，放入鲜面条，面条煮到断生时夹出，沥干水分。

3. 开中火，锅热后倒入 1 茶匙食用油，油热后加入鸡蛋液，炒散后盛出备用。

4. 往锅内倒入 1 茶匙食用油，然后依次加入大蒜、洋葱、火腿肠、上海青，炒 2 分钟，至上海青变软。

5. 将面条倒入锅内，加入盐和生抽调味，翻炒至面条熟透，再加入鸡蛋略翻炒即可。

材料

牛肉	450 克
面包糠	30 克
洋葱粉	2 茶匙
大蒜	1 瓣
盐	1 茶匙半
黑胡椒粉	半茶匙
全麦小汉堡面包	8 对
蔓越莓果酱	8 汤匙
食用油	少许
鸡汁	少许

制作时间：20 分钟 难度：★

迷你小汉堡

尽管梅莉达的三胞胎兄弟比较挑剔，但他们都同意梅莉达做的迷你小汉堡是他们的最爱！

1. 将牛肉放入绞肉机中绞碎，大蒜切碎。

2. 在一个中等大小的碗里，放入绞好的牛肉、面包糠、洋葱粉、大蒜、盐和黑胡椒粉，搅拌均匀。戴上一次性手套，捏出 8 个圆形小肉饼。

3. 在平底锅里喷上食用油，用中火加热。放入肉饼，每面煎 5 分钟左右，至两面焦黄后盛出。

4. 将煎好的肉饼放在汉堡面包里，然后涂上蔓越莓果酱，淋上少许鸡汁即可。

你还可以在汉堡面包中间放一块煎鱼饼，这样会让口感更丰富哟！

葱油饼

在天气晴朗的春日，米奇和朋友们一起去公园野餐。朋友们都非常喜欢黛丝做的香酥葱油饼。

制作时间：20 分钟 难度：★

材料

面粉	300 克
小葱	10 根
盐	半茶匙
白芝麻	3 茶匙
食用油	适量
温水	适量

制作步骤

1. 在一个大碗中倒入面粉、适量的温水，撒上盐，用筷子搅拌均匀，然后用手揉成光滑的面团，盖上保鲜膜，醒面 40 分钟。

2. 小葱清洗干净，去掉葱白后切碎。将醒发好的面团取出，为防止面团和案板粘连，可以在案板上撒上一把面粉。将面团擀成 0.5 厘米厚的薄片，然后撒上葱花和白芝麻，再卷成长条。

3. 将长条形的面团切成 4 份，再将每一份面团揉成球并擀成薄薄的圆饼。

4. 平底锅里刷食用油，油热后放入面饼，待底部煎至焦黄时翻面，然后刷油，煎另一面。煎的过程中可以多次翻面，待两面都煎至焦黄、面饼熟透之后盛出即可。

春饼

在立春节气到来时，生活在北方的人们会吃春饼来迎接春天。一起来学着做一做春饼吧！

1. 将土豆和胡萝卜削皮后切成细丝，大蒜切碎。

2. 锅热后倒入食用油，放入蒜末炒香，接着依次放入土豆丝、胡萝卜丝、豆腐丝和豆芽，翻炒至食材变软、熟透。加盐，略翻炒后盛出。

3. 蒸锅内装水，水烧开后将春饼皮放入蒸屉，蒸 2~3 分钟后取出。夹一些菜，放到热热的春饼皮上，卷起来就可以享用啦。

材料

春饼皮	5 张
土豆	1 个
胡萝卜	1 根
豆芽	100 克
豆腐丝	100 克
大蒜	2 瓣
食用油	1 汤匙
盐	1 茶匙

制作时间：20 分钟 难度：★

材料

玉米淀粉	1汤匙
孜然粉	2茶匙
洋葱粉	1汤匙
水	240毫升
甜椒粉	2茶匙
辣椒粉	1汤匙
大蒜粉	2汤匙
盐	半茶匙
橄榄油	1汤匙
墨西哥薄饼	8张
牛肉馅	450克
西红柿	1个
切达干酪	2片
生菜	100克
酸奶油	适量

制作时间：30分钟 难度：★

墨西哥卷饼

香气四溢的墨西哥卷饼是米奇的拿手菜。每当朋友们听说菜单上有这道菜时，他们都会早早地来到餐桌旁边等候。

制作步骤

1. 找一个小碗，把玉米淀粉、孜然粉、洋葱粉、甜椒粉、辣椒粉、大蒜粉和盐搅拌在一起，混合均匀。

2. 在平底锅中倒入橄榄油，开中小火，将牛肉馅翻炒至金黄，然后将炒出来的多余汁水倒掉。

3. 将步骤 1 制作的香料混合物倒入锅中，再倒入水，和牛肉馅一起搅拌均匀，用小火翻炒，炒至汤汁变浓稠，盛出备用。

4. 将烤箱预热至 180 摄氏度，将墨西哥薄饼呈 U 形放在烤架上，放入烤箱烤 5 分钟。

5. 准备配料。将西红柿切成丁，切达干酪和生菜切成丝，和酸奶油一起放在盘子里。吃的时候舀一些牛肉馅和配料，放在墨西哥薄饼里即可。

夏日咖喱饭

雪宝从小就有一个梦想，那就是在明媚的夏日躺在沙滩上晒太阳。当然，如果再来一碗香喷喷的咖喱饭，那就太幸福啦！

制作时间：20 分钟 难度：★

材料

鸡腿肉	100 克
鸡胸肉	100 克
洋葱	1 个
青椒	2 个
胡萝卜	1 根
土豆	1 个
秋葵	4 根
玉米粒	100 克
橄榄油	1 汤匙
盐	1 茶匙
黑胡椒粉	少许
咖喱粉	1 茶匙
生抽	1 茶匙
水	100 毫升
温热的米饭	2 小碗
熟海带丝	少许
海苔	1 片
芝士	少许

制作步骤

1. 将鸡腿肉和鸡胸肉剁成末，将洋葱和胡萝卜切成丁，将土豆切成 1 厘米厚的小块，青椒切成圆圈。

2. 在锅内倒入清水，放入少量盐，水烧开后放入秋葵，倒入少量橄榄油，秋葵焯水 2 分钟后捞出，过一遍凉水，然后切成小块。

3. 如左图所示制作雪宝模型。熟海带丝沾水，剪出雪宝的手和头发的形状，晾干。用海苔片和芝士做出雪宝的嘴巴、眉毛、纽扣和眼睛。取一块胡萝卜丁，作为雪宝的鼻子。

4. 锅中放入橄榄油并加热，将鸡肉末炒散后加入洋葱丁、青椒圈和胡萝卜丁，将所有蔬菜炒至软烂。再加入盐、黑胡椒粉、咖喱粉，将食材翻炒入味儿。

5. 将玉米粒、土豆块、水和生抽倒入锅中，用小火慢煮。等汤汁煮干后，在锅中加入秋葵即可。

6. 将米饭捏成雪宝的身体，放在盘子里，摆上步骤 3 准备好的食材，在它的旁边倒入步骤 5 做好的菜即可。

小贴士

蔬菜焯水小技巧：对于比较容易熟的蔬菜，可以等水烧开后放入锅中，短时间焯水后捞出。水中可以放入少量盐和食用油，盐可以减少营养素的流失，食用油可以使菜的颜色更鲜亮。

闪电麦坤蛋包饭

还记得闪电麦坤吗？“闪电速度就是我，我就是闪电麦坤！”这句话是闪电麦坤的名言。这道以闪电麦坤为灵感设计的蛋包饭是不是能让你想起在赛车场上飞驰的他呢？

制作步骤

1. 将鸡蛋、牛奶、玉米油和低筋面粉放入碗中，混合后搅拌均匀并过筛两遍。将甜菜根榨成汁，倒入混合物中，搅拌均匀然后盖上保鲜膜，放冰箱冷藏 1 小时。

2. 将洋葱、胡萝卜、火腿肠切成丁。在锅内倒入橄榄油，油热后放入洋葱，炒香后倒入胡萝卜炒至断生，再放入火腿肠和米饭，加盐后翻炒均匀。

3. 炒好的米饭用模具或者保鲜膜包住，挤压成圆柱形。

4. 在平底锅中倒入步骤 1 做好的混合物，小火煎至鼓泡凝固即可取出，待冷却后切成长方形包裹住米饭。

5. 将海苔剪成长条，围在蛋包饭的下部。将芝士片切成小长方形，如右图所示放在海苔条上。再用一部分海苔和芝士片剪出眼部的装饰。最后将余下的芝士片和蝶豆花粉混合揉匀后擀薄，压成圆形作为闪电麦坤的眼睛，再用芝士片剪 2 个小圆作眼球。

6. 顶部撒上拌饭海苔碎即可享用。

材料

橄榄油	1 汤匙
米饭	1 碗
火腿肠	1 根
胡萝卜	半根
洋葱	半个
拌饭海苔碎	1 汤匙
盐	半茶匙
鸡蛋	1 个
牛奶	100 毫升
玉米油	10 克
低筋面粉	40 克
甜菜根	1 棵
芝士片	2 片
海苔	2 片
蝶豆花粉	1 茶匙

制作时间：40 分钟　难度：★★

豆子饭

蒂安娜的餐厅总会在节日时推出一些节日菜，特殊的菜肴可以让节日变得十分特别！听说在元旦吃这道豆子饭，可以给新的一年带来好运哟！

制作时间：60 分钟　难度：★★

材料

材料	用量
白扁豆	220 克
水	适量
黄油	1 汤匙
烤火腿	220 克
洋葱	1 个
芹菜茎	2 根
胡萝卜	2 根
大蒜	2 瓣
盐	半茶匙
辣椒面	1/4 茶匙
黑胡椒粉	少许
大米	200 克

制作步骤

1. 将白扁豆冲洗干净，放入平底锅中。 在平底锅内倒入水，开中火，待水煮沸后继续煮 2 分钟。然后将白扁豆和水倒入一个大碗中，静置 1 小时。

2. 将烤火腿、洋葱、芹菜茎、胡萝卜切成丁，将大蒜切碎。开小火，在平底锅中放入黄油，待黄油熔化后，倒入烤火腿、洋葱、芹菜茎、胡萝卜、大蒜、盐、辣椒面和黑胡椒粉，翻炒 6~8 分钟，让食材全部熟透，洋葱呈透明状。

3. 将白扁豆和水倒入平底锅并搅拌。煮沸后调小火，盖上锅盖慢炖 6~8 分钟，直到白扁豆变软。

4. 再倒入适量的水，加入大米并搅拌均匀。重新盖上锅盖，继续煮约 20 分钟，直到米饭煮熟。

5. 沥干多余的汤汁，再搅拌一下，就可以上桌享用了。

小贴士

白扁豆中可能掺杂有碎石头，因此需要认真清洗，将碎石头挑出去。

材料

材料	用量
橄榄油	2 汤匙
鸡胸肉	2 块
香肠	220 克
洋葱	1 个
芹菜茎	2 根
甜椒	1 个
大蒜	2 瓣
盐	1/4 茶匙
黑胡椒粉	1/8 茶匙
西红柿	1 个
大米	400 克
鸡汤	1000 毫升
喼汁	2 茶匙
辣椒酱	1 茶匙

制作时间：60 分钟 难度：★★

什锦饭

什锦饭是一道非常著名的烩饭，甚至还有一首歌曲是以它的名字命名的哟！在这道主食里，你既能吃到肉，又能吃到蔬菜。

制作步骤

1. 将香肠提前浸泡 2 小时，然后放在开水中煮 20 分钟，待冷却后捞出，切片备用。

2. 将鸡胸肉切成小块，将洋葱、芹菜茎、大蒜和西红柿切碎，将甜椒去籽后切碎。

3. 开中火，在平底锅中倒入橄榄油。油热后倒入鸡胸肉，炒 5 分钟至其熟透。

4. 在锅里加入切好的香肠、洋葱、芹菜茎、甜椒和大蒜，撒上盐和黑胡椒粉并翻炒均匀，然后再炒 5 分钟。

5. 接下来在锅里加入西红柿和大米，倒入鸡汤并煮沸。把火调小，盖上锅盖煨大约 20 分钟，至大米煮熟变软后倒入喼汁和辣椒酱，搅拌均匀即可。

芝士蝴蝶结意大利面

米妮非常喜欢蝴蝶结，她的头上总会戴着蝴蝶结，连爱吃的意大利面都是蝴蝶结形状的呢！

1. 将豌豆放入锅中，锅内加水，大火煮 20 分钟后捞出来，沥干水分，放入盘中备用。

2. 另外装半锅水烧开，放入蝴蝶形意大利面，煮 8~10 分钟后捞出来，沥干水分，倒入装豌豆的盘中。

3. 找一口平底锅，放入黄油，开中小火将黄油熔化。加入面粉和鸡汤，搅拌均匀。然后加入低脂牛奶、帕玛森干酪、洋葱粉、大蒜粉、盐和肉豆蔻粉，不停地搅拌，直到汤汁变稠后关火。

4. 将步骤 3 调好的汤汁倒入装有豌豆和意大利面的盘中，搅拌均匀，让意大利面均匀地裹上汤汁，然后就可以上桌享用啦。

材料

全麦蝴蝶形意大利面	300 克
低脂牛奶	250 毫升
盐	1/4 茶匙
帕玛森干酪	100 克
肉豆蔻粉	少许
黄油	3 汤匙
豌豆	150 克
面粉	2 汤匙
洋葱粉	1 茶匙
鸡汤	125 毫升
大蒜粉	1/4 茶匙

制作时间：35 分钟　难度：★★

材料

猪肉	100 克
胡萝卜	半根
香菇	1 朵
料酒	1 茶匙
蚝油	1 茶匙
生抽	1 茶匙
盐	半茶匙
中筋面粉	200 克
水	适量
仙人掌果粉	6 克
菠菜粉	3 克
竹炭粉	1 克

制作时间：50 分钟 难度：★★

香菇猪肉饺子

饺子是人们餐桌上常见的一道面点，尤其是在传统节日的时候，许多人家里都会包饺子。这道以草莓熊为造型的香菇猪肉饺子既好吃又好看，快和家人一起做一下吧！

1. 提前将香菇用水泡发。将猪肉剁碎，胡萝卜和香菇也切碎，混合在一起，边搅拌边加入料酒去腥。再加入蚝油、生抽、盐调味，顺时针搅拌至肉略微粘手，作为饺子馅。

2. 将中筋面粉加水搅拌成絮状后，用手揉至面团光滑，取大部分面团加仙人掌果粉揉成粉色，取一点儿面团加竹炭粉揉成黑色，取一点儿面团加菠菜粉揉成绿色。再用粉色面团和一点儿黑色面团，一起揉成深红色面团。留出一点儿白色面团做装饰用。

3. 粉色面团用擀面杖擀薄后，用圆形模具压出圆形，包入饺子馅，对折后沾水贴紧，包成元宝形状的饺子。

4. 用大的圆形模具和小的圆形模具将白色面团压出大、小两种圆形，沾水贴在饺子上作为草莓熊的耳朵、眼眶和嘴巴周围的装饰。取一部分黑色面团，用小的圆形模具压出圆形，作为草莓熊的眼睛；将另外一部分黑色面团搓成细条，沾水贴在白色面团上，作为草莓熊的嘴巴。

5. 将深红色面团分成两半，分别捏成长条和不规则圆形，作为草莓熊的眉毛和鼻子。将绿色面团用花朵模具压一下，作为草莓叶子来装饰。最后，再用白色面团压出一些白色小圆作为草莓的籽。

6. 往蒸锅中加入适量清水，将饺子放在蒸屉上，待水开后将蒸屉放进蒸锅里，蒸 15 分钟即可。

仙人掌果粉、菠菜粉、竹炭粉都是天然果蔬粉，是可以放心食用的哟！

唐老鸭奶黄包

唐老鸭非常幸福，因为他的祖母鸭婆婆擅长做各种蛋糕和馅儿饼。相信喜爱吃面食的唐老鸭一定也会喜欢这道奶香浓郁的奶黄包！

制作时间：40 分钟　难度：★★

材料

材料	用量
鸡蛋	1 个
淡奶油	40 克
白砂糖	10 克
低筋面粉	20 克
玉米淀粉	5 克
奶粉	10 克
中筋面粉	300 克
细砂糖	30 克
酵母	3 克
凉白开	140 毫升
椰子油	20 克
蝶豆花粉	5 克
南瓜粉	5 克
竹炭粉	5 克
甜菜根粉	3 克

制作步骤

1. 首先制作奶黄馅。将鸡蛋打入碗中，然后依次倒入淡奶油、白砂糖、低筋面粉、玉米淀粉和奶粉，搅拌均匀，过筛后倒入平底锅，开小火，不断地顺时针搅拌，搅拌至奶黄馅变成一团。

2. 将奶黄馅放置冷却，然后按每份 20 克左右分开，分别搓成球形备用。

3. 找一个大碗，倒入中筋面粉、细砂糖、酵母、凉白开、椰子油，搅拌成絮状，再揉搓成光滑的面团。

4. 将面团分出一小部分，使用天然果蔬粉调色。其中一部分面团加入蝶豆花粉，调成蓝色；一部分面团加入南瓜粉，调成黄色；一部分面团加入竹炭粉，调成黑色；一部分面团加入甜菜根粉，调成粉色。

5. 将剩余的面团分割成 50 克一个的小剂子，擀薄，然后包入奶黄馅。

6. 将黑色面团擀薄，剪成黑色的长条，作为帽子上的装饰。一部分用吸管压出小圆形，作为唐老鸭的眼睛。

7. 将蓝色面团和一部分黄色面团擀薄，用瓶盖压出圆形当帽子。将粉色面团用吸管压成圆形，作为唐老鸭的脸部腮红。

8. 将剩余的黄色面团擀薄，捏成椭圆形，再用牙签在中间按压一下，作为唐老鸭的嘴巴。

9. 小心地将所有的装饰面团都刷水，粘在包好馅的面团上，然后放进蒸屉里，盖上盖子，让面团再醒发一会儿。

10. 往蒸锅中倒入足量的水，放入蒸屉，开大火蒸 20 分钟，关火后再焖 2 分钟即可。

牛眼比萨

梅莉达喜欢做牛眼比萨，因为她可以选择任何自己喜欢的馅料放到比萨里，正如生活中的她会独立地做出许多选择，过自己想过的人生。

制作时间：40 分钟 难度：★★★

材料

比萨面团	450 克
橄榄油	1 汤匙
玉米粉	少许
比萨酱	200 克
马苏里拉奶酪碎	340 克

可选馅料：

萨拉米、火腿丁、菠萝块、甜椒丁、西蓝花块、黑橄榄片

制作步骤

1. 将比萨面团分成 2 份，分别揉成团，然后分别放在 2 个大碗里，盖上保鲜膜，在室温下静置 10 分钟。

2. 将烤箱预热至 220 摄氏度。取 2 张烤盘，涂上少许橄榄油，然后在上面撒上玉米粉。

3. 把 2 个面团擀成圆形的饼皮，小心地放在 2 个烤盘上。分别取一半的比萨酱，涂在饼皮上，再撒上马苏里拉奶酪碎。

4. 选择 2 种你喜欢的馅料，将其中一种放在中间，另一种围绕着第一种环绕摆放，形成牛眼状的图案。

5. 将 2 个放有比萨饼皮的烤盘放进烤箱，烤 15 分钟左右，直到饼皮的边缘和底部呈金黄色即可。需要注意的是，烤至第 7 分钟时记得调换一下 2 个烤盘的位置，让 2 个比萨饼能够均匀地受热。

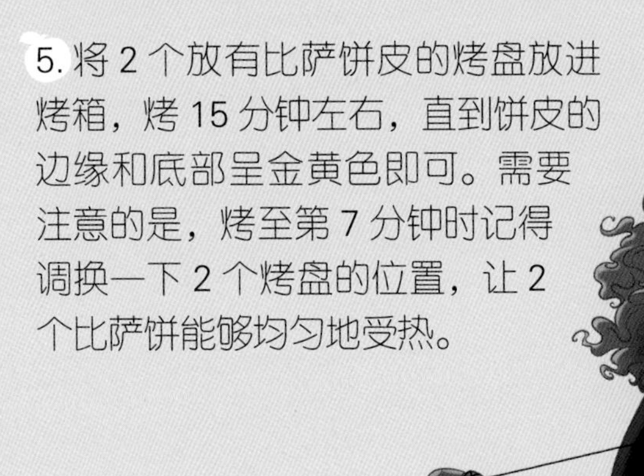

如果使用菠萝块做馅，记得先用纸巾或干净的、可重复使用的布将菠萝块擦干，确保比萨的饼皮不会被菠萝块的汁水糊化掉。

鸡肉派

自从比赛之后，闪电麦坤就和板牙成了最好的朋友，他们总是一起训练，一起吃饭。在寒冷的冬日，有什么比雪花更好吃的东西吗？当然是热乎乎的鸡肉派啦！

制作步骤

1. 将速冻酥皮、冷冻混合蔬菜提前解冻。将鸡蛋打散，鸡胸肉冷水入锅，煮 5 分钟后捞出，待冷却后切丁备用。

2. 将烤箱预热至 190 摄氏度。取一个中等大小的烤盘，刷食用油，放上 4 片酥皮。用一个小饼干刀在剩余的 4 片酥皮的中心切出一个小闪电的形状。

3. 取一个中等大小的碗，倒入奶油鸡汤、牛奶和鸡蛋，搅拌后再加入解冻后的混合蔬菜、切好的鸡胸肉丁、盐、黑胡椒粉、百里香和肉豆蔻粉。

4. 将步骤 3 做好的馅料铺在 4 片酥皮中，再分别盖上一片带闪电形状的酥皮，将酥皮的边缘卷起来捏紧。如果有溢出来的部分，可以请大人帮忙调整。

5. 将烤盘放进烤箱中，烤 30~40 分钟，至鸡肉派外皮呈金黄色。烤完后取出，放置 10 分钟即可食用。

材料
食用油 少许
圆形速冻酥皮 8片
奶油鸡汤 300毫升
牛奶 120毫升
鸡蛋 1个
冷冻混合蔬菜 200克
鸡胸肉 140克
盐 1茶匙
黑胡椒粉 1/4茶匙
百里香 1/4茶匙
肉豆蔻粉 1/4茶匙
制作时间：70分钟 难度：★★★

烤蔬菜盒子

蒂安娜是一位幸福的厨师，她喜欢和食客分享她精心制作的美食。小朋友，快跟她学习制作这道烤蔬菜盒子吧！

制作时间：70 分钟 难度：★★★

材料

普通面粉	140 克
泡打粉	半茶匙
盐	1/4 茶匙
无盐黄油	3 汤匙
白砂糖	1 汤匙
香草精	1/4 茶匙
鸡蛋	1 个
牛奶	2 汤匙
西蓝花	1/3 棵
切达干酪碎	40 克
火腿	200 克

制作步骤

1. 在小碗中，倒入面粉、泡打粉和盐，搅拌均匀，然后放在一边备用。将西蓝花切成块，火腿切成丁。

2. 将黄油隔水软化。在大人的帮助下使用手持式打蛋器，将黄油和白砂糖搅拌大约 3 分钟，变成蓬松的奶油状。将鸡蛋在碗中打散，然后舀 1 汤匙打散的鸡蛋，倒入奶油中，再加入香草精，搅拌均匀。将牛奶和步骤 1 的面粉混合物分多次加入奶油中，继续搅拌，直至形成一个面团。取一张保鲜膜，将面团包起来放入冰箱冷藏 15 分钟。

3. 将烤箱预热至 190 摄氏度。在锅内放入水，开中火，待水烧开后加入西蓝花块，煮 3 分钟后捞出，沥干水分。将西蓝花块、切达干酪碎、火腿丁放进一个小碗里，搅拌均匀。

4. 把面团从冰箱中取出，平均分成 4 块。为防止面团和案板粘连，可以在案板上撒一些面粉，然后用擀面杖把面团都擀成圆形的面皮。用勺子取步骤 3 做好的馅料，每次取 1/4 舀到每个圆形面皮里。在面团的边缘沾一点儿水，对折，再将边缘捏紧。

5. 将捏好的蔬菜盒子放在烤盘上，放进烤箱中烤 12~15 分钟，直到面皮呈金黄色。烤完后取出放置一会儿再食用。

小贴士

为了获得步骤 4 的圆形面皮，你也可以找一个小碗，将碗扣在面皮上，用力按压。当然，你也可以按你的想法，将面皮擀成你喜欢的形状。

材料

材料	用量
中筋面粉	170 克
菠菜	80 克
竹炭粉	5 克
鸡蛋	1 个
瘦猪肉	100 克
香菇	5 朵
青菜	3 棵
生姜	2 片
食用油	2 茶匙
盐	1 茶匙
料酒	2 茶匙
生抽	1 茶匙
水	适量

制作时间：60 分钟 难度：★★★

大眼仔卤肉拌面

在怪兽大学，大眼仔和好朋友毛怪的生活非常丰富。他们不仅学习知识，还学习许多生活技巧，厨艺便是其中之一！

1. 往锅里倒入清水，水烧开后放入菠菜，焯 2 分钟后捞出，放入搅拌机中，加一点儿清水，搅成泥。将菠菜泥倒入 100 克中筋面粉里，用筷子搅拌成絮状后，用手揉成光滑的绿色面团。

2. 取 50 克中筋面粉，加适量水，揉成光滑的白色面团。再取 20 克面粉，加适量水和竹炭粉，揉成光滑的黑色面团。

3. 绿色面团用擀面杖擀成薄片，留出一小部分备用，其余的面团用刀切成约 1 厘米宽的宽面条。

4. 将白色面团和黑色面团擀薄，取一部分白色面团和黑色面团，用圆形模具压出小的圆形。用水将圆形黑色面团粘在圆形白色面团上，然后将它们粘在宽面条上，作为大眼仔的眼睛。

5. 将黑色面团搓成细条，沾水贴在宽面条上，作为大眼仔的嘴巴。将绿色面团擀薄切成三角形，作为大眼仔的耳朵。

制作步骤

6. 接下来准备其他食材。将猪肉剁碎，香菇切成丁。锅内烧开水，放入青菜，焯 3 分钟后捞出备用。

7. 鸡蛋放入水中，开中火煮 10 分钟，然后捞出，剥壳，从中间切成两半备用。

8. 锅内放食用油，油热后放生姜爆香，倒入肉末翻炒，然后倒入料酒和生抽，炒至肉末变色。随后加入香菇丁，放盐，待香菇丁炒熟后盛出。

9. 锅内烧水，水开后放入宽面条，将其煮熟后捞出，淋上炒好的肉末和香菇丁，放上青菜和半个鸡蛋，就可以开始享用啦。

暖心
汤羹

材料

绿豆	150 克
水	适量
白砂糖	10 克

制作时间：30 分钟　难度：★

消暑绿豆汤

炎热的午后，爱丽丝和朋友们一起来到了森林里乘凉。这道绿豆汤可以很好地帮助他们解暑降温。

1. 将绿豆淘洗干净，用清水浸泡 1 小时，然后沥干水分，放入电饭煲中。

2. 在电饭煲中倒入适量水，选择杂粮粥模式炖煮。煮好后加入白砂糖，待冷却后盛出即可。

红枣银耳莲子羹

在一个阳光明媚的春日，贝儿和野兽一起在花园里办起了茶话会。他们都非常喜欢这道甜美的红枣银耳莲子羹。

1. 将银耳和莲子放入装满常温清水的碗中，泡发 2~3 小时。将红枣以及泡发好的银耳和莲子清洗干净，银耳去蒂，撕成小块。

2. 将银耳块、莲子、红枣放入电压力锅中，倒入适量的水，煮 45 分钟后倒入冰糖，然后放置至温度适宜时即可食用。

材料

银耳	1朵
红枣	6颗
莲子	15克
冰糖	10克
水	适量

制作时间：50分钟 难度：★

材料

丝瓜	1根
瘦猪肉	100克
大蒜	2瓣
生姜	2片
葱	少许
食用油	适量
盐	1茶匙
水	适量

制作时间：20分钟 难度：★

瘦肉丝瓜汤

花木兰的每一天都过得非常充实，除了训练，她最爱和朋友们待在一起。这碗爽滑清甜的瘦肉丝瓜汤就是他们公认的最佳夏日汤羹！

制作步骤

1. 将丝瓜去皮，切成滚刀块，猪肉和大蒜切片，葱切碎。提前烧一些开水。

2. 起锅开火，锅热后倒入食用油，放入大蒜片和姜片爆香后，再倒入猪肉片翻炒，肉变色后倒入开水。

3. 将丝瓜倒入锅中，煮 8 分钟，至丝瓜变软后放盐，搅拌均匀，最后撒上葱花即可。

玉米山药排骨汤

冬天到了，阿伦黛尔的冰雪运动会开始了。在寒冷的季节，喝一碗热腾腾的玉米山药排骨汤可以让人倍感温暖。

制作步骤

1. 在锅内放入冷水，放入排骨、2 片姜和小葱，倒入料酒。水烧开后，煮 3 分钟，撇去浮沫，然后将排骨捞出。

2. 将玉米和山药切成段，再和排骨、剩余的姜片一起放入电饭煲中，倒入适量的水，选择煲汤功能。煮完后焖一段时间再加入盐，搅拌均匀即可。

小贴士

给山药削皮以及清洗山药时，可以戴上一次性手套，避免皮肤直接接触山药而导致过敏。

材料
排骨 300 克
玉米 2 根
山药 200 克
生姜 5 片
小葱 1 根
盐 2 茶匙
料酒 2 茶匙
水 适量
制作时间：50 分钟 难度：★

制作时间：40 分钟 难度：★

材料

洋葱	1个
红皮土豆	2个
黄油	2汤匙
水	250毫升
甜玉米粒	340克
奶油玉米罐头	1罐（400克）
牛奶	370毫升
盐	半茶匙
黑胡椒粉	少许
培根碎粒	5汤匙

玉米浓汤

每到下雪的时候，贝儿和野兽就喜欢在院子里打雪仗。等回到屋里时，这道玉米浓汤就能很快帮助他们恢复温暖哟！

制作步骤

1. 洋葱、土豆去皮，将洋葱切成碎丁，将土豆切成大小适中的方块，放在一边备用。

2. 在平底锅中放入黄油，开中火，将黄油熔化。放入洋葱，翻炒 4 分钟，直到洋葱变得透明。

3. 加入土豆和水，然后盖上锅盖，小火慢炖约 15 分钟。

4. 倒入甜玉米粒、奶油玉米罐头和牛奶，撒上盐和黑胡椒粉，继续搅拌约 7 分钟，直到所有食材熟透。

5. 最后将玉米浓汤舀入碗中，在上面撒上培根碎粒，就可以上桌了。

维希汤

维希汤是长发公主乐佩的妈妈教给乐佩的一道秘密料理。如果说这道汤有什么魔法的话，那就是妈妈对乐佩浓浓的爱啦！

1. 将土豆切成小块，韭葱切成薄片，香葱切碎备用。

2. 在炖锅中加入土豆、韭葱、鸡汤、水、盐和白胡椒粉，开小火，炖煮 1 小时。

3. 把煮好的汤搅成泥，倒入一个大碗里，然后拌入浓奶油，最后撒上葱花作装饰。这道汤既可以趁热食用，也可以等凉了食用。

材料

土豆	5 个
韭葱	3 根
鸡汤	400 毫升
水	适量
盐	1 茶匙
白胡椒粉	半茶匙
浓奶油	120 毫升
香葱	2 根

制作时间：70 分钟 难度：★

材料

胡萝卜	1根
芹菜茎	2根
鸡汤	900毫升
鸡胸肉	1块
细管型通心粉	90克
盐	1茶匙
黑胡椒粉	少许

制作时间：30分钟 难度：★

鸡胸肉蔬菜汤

鸡胸肉蔬菜汤是白雪公主经常做的一道汤，它不仅健康美味，色泽也非常好看。一起来学着做一下吧！

1. 将胡萝卜去皮，切成薄片备用。然后将芹菜茎切成薄片。

2. 将鸡胸肉放入锅中，加入适量的水。开中火，等水开之后转小火，煮5~10 分钟后捞出。凉凉后，将鸡胸肉切成小块。

3. 把鸡汤、胡萝卜片和芹菜片都倒入一口大的平底锅里。用大火煮至汤开始冒泡，再把火调小，炖煮3 分钟。

4. 倒入鸡胸肉和通心粉。继续煮大约 10 分钟，直到通心粉煮熟。

5. 加入盐和黑胡椒粉调味，分装在小碗里即可。

材料

南瓜汤配料：

橄榄油	1汤匙
红葱头	1个
盐	半茶匙
鸡汤	750毫升
无糖苹果酱	250克
黑胡椒粉	1/4茶匙
肉豆蔻粉	1/8茶匙
南瓜泥	425克
红糖	2汤匙
酸奶油	125克

榛子浇头配料：

橄榄油	半汤匙
面包糠	25克
榛子	30克

制作时间：30分钟 难度：★

南瓜榛子汤

即使被困在高塔里，长发公主的生活还是非常丰富。她每天下午画画，偶尔也下厨做美食。如果你也想在周末的下午提提神，那就来做一做这道美味、独特的南瓜榛子汤吧！

1. 先来做南瓜汤。将红葱头切成丁。在平底锅中倒入橄榄油，开中火，油热后加入红葱头丁和盐，翻炒 7~8 分钟，直到红葱头变软且呈透明状。

2. 倒入鸡汤、苹果酱、南瓜泥和红糖，撒上黑胡椒粉和肉豆蔻粉，炖 15 分钟。炖好后加入酸奶油，搅拌均匀。

3. 接下来做榛子浇头。将榛子压碎。在平底锅中倒入橄榄油，开中火，油热后倒入面包糠，翻搅 3 分钟，直到面包糠变成金黄色后，倒入榛子碎，小火炒 2 分钟。炒好后盛出，倒在南瓜汤上即可。

鸡肉香肠浓汤

蒂安娜小时候最美好的回忆之一便是和爸爸詹姆斯一起做鸡肉香肠浓汤。每当他们做这道汤的时候，香味便会从厨房飘出去，一直飘到邻居家。

制作时间：70 分钟　难度：★★

材料

植物油	5 汤匙
面粉	30 克
香肠	340 克
洋葱	1 个
绿色甜椒	1 个
芹菜茎	2 根
大蒜	2 瓣
盐	1 茶匙半
黑胡椒粉	半茶匙
干百里香	1/4 茶匙
香叶	2 片
鸡汤	1500 毫升
鸡胸肉	230 克

制作步骤

1. 将香肠提前浸泡 2 小时，然后放在开水中煮 20 分钟，待冷却后捞出，切片备用。将洋葱、甜椒、芹菜茎都切成丁，大蒜切成末，鸡胸肉切成块。

2. 往平底锅中倒入 3 汤匙植物油，中火加热后倒入面粉，转小火搅拌约 15 分钟，直到混合物变成深棕色，倒入碗中备用。

3. 在锅里放 1 汤匙植物油，加热。加入香肠，煎大约 6 分钟，待香肠颜色变深后盛到盘子里。

4. 再在锅里放 1 汤匙植物油，倒入洋葱、甜椒和芹菜茎，翻炒 5 分钟，至食材变软。然后放大蒜，再炒 1 分钟。最后放入盐、黑胡椒粉、百里香和香叶。

5. 倒入鸡汤，用中小火炖煮。汤煮开后，倒入步骤 2 做好的面粉糊，搅拌至顺滑。然后加入鸡胸肉和香肠，煮 20 分钟，过程中不时地搅拌，直到鸡胸肉煮熟并入味儿。蒂安娜最喜欢的吃法是盛一碗米饭放在盘子里，然后将鸡肉香肠浓汤淋在米饭上。

一定要用厚底锅来做这道汤，另外要注意密切关注火候，防止烧煳。

我的下厨记录

我烹饪的菜	1

2 自我评价

自我评价	
食材干净程度	优秀☆☆☆ 良好☆☆ 一般☆
成品味道	优秀☆☆☆ 良好☆☆ 一般☆
用具收纳整齐程度	优秀☆☆☆ 良好☆☆ 一般☆

3 下厨心得

4 家庭成员评价

开胃
凉菜

材料

黄瓜	1 根
米醋	3 汤匙
白砂糖	1 汤匙
熟白芝麻	1 汤匙
盐	半茶匙
红辣椒碎	少许（可选）

制作时间：10 分钟　难度：★

黄瓜沙拉

在炎热的夏天，花木兰的蟋蟀朋友喜欢在花家的花园里玩。夏天也是黄瓜成熟的季节。小朋友，来学习用黄瓜制作一份特别的黄瓜沙拉吧！

1. 将黄瓜洗净，切成薄片。
2. 将黄瓜片、米醋、白砂糖、熟白芝麻和盐都放入一个中等大小的碗里，搅拌均匀。如果有红辣椒碎的话，也可以加一点儿。
3. 将黄瓜沙拉用保鲜膜盖住，放进冰箱冷藏一小会儿，取出就可以享用啦。

红辣椒碎比较辣，所以千万不要放太多哟。

魔法沙拉

仙女教母会魔法，她可以把南瓜变成马车，把破衣服变成漂亮的裙子。而你也可以将普通蔬菜和简单调料制作成一道美味沙拉，这也是一种“魔法”！

制作步骤

1. 将生菜冲洗干净，用厨房纸巾擦干水分。然后将生菜撕成小片，放到盘子里。

2. 将胡萝卜去皮、切丝，黄瓜切成片，樱桃番茄对半切开。在盘子里放上适量的胡萝卜丝、黄瓜片和樱桃番茄。

3. 取一个小碗，倒入橙汁、柠檬汁、植物油和蜂蜜，搅拌均匀。

4. 将步骤 3 做好的浇头淋到沙拉上，搅拌均匀后即可食用。

小贴士

为了让沙拉的口感更丰富，你还可以在上面撒上扁桃仁片和新鲜的水果。

材料

生菜	1 棵
胡萝卜	1 根
黄瓜	1 根
樱桃番茄	9 颗
橙汁	120 毫升
柠檬汁	2 汤匙
植物油	1 汤匙
蜂蜜	1 汤匙

制作时间：10 分钟 难度：★

材料

黄瓜	1根
豆皮	1张
小米椒	1个
大蒜	2瓣
生抽	2茶匙
香油	1茶匙
盐	半茶匙
醋	1茶匙

制作时间：15 分钟　难度：★

凉拌豆皮黄瓜

每年的年夜饭，花家的餐桌上都少不了一个凉拌菜，那就是人见人爱的凉拌豆皮黄瓜。

1. 将豆皮放在温水中浸泡 5 分钟，然后切成条，放入锅中。在锅内装入适量的水，开中火，水开后再煮约 3 分钟，然后将豆皮捞出，沥干水分，放在碗里备用。

2. 将黄瓜切成丝，放在装有豆皮的碗中。将大蒜、小米椒切碎。

3. 取一个小碗，放入蒜末、小米椒、盐、生抽、醋、香油，搅拌均匀，然后淋在豆皮和黄瓜上，再略微搅拌使得豆皮和黄瓜均匀入味儿即可。

材料

油浸金枪鱼	1罐（200克）
熟扁桃仁碎	4茶匙
小芹菜茎	2根
新鲜莳萝	1根
红色甜椒	2个
蛋黄酱	50克
小甜椒	6个
罗马生菜叶	6片
盐	半茶匙
黑胡椒粉	少许
橄榄油	1汤匙

制作时间：65分钟 难度：★★

金枪鱼沙拉

莫阿娜从小就向往驾船去海岛外的世界探险。小朋友，请你动动小手，制作一艘好看又好吃的金枪鱼沙拉“小船”吧！

制作步骤

1. 将烤箱预热至 200 摄氏度。将红色甜椒洗净，去籽后切成片，然后摆放在烤盘上，刷上橄榄油，烤 15 分钟后取出，待冷却后切碎备用。

2. 将莳萝切碎，小芹菜茎切成丁。在一个中等大小的碗中放入油浸金枪鱼、熟扁桃仁碎、芹菜茎丁、步骤 1 制作的烤甜椒碎、莳萝碎和蛋黄酱，搅拌均匀后加入盐和黑胡椒粉调味。

3. 将小甜椒沿水平方向对半切开，去籽，将每块甜椒的底部切掉一小块，使其可以水平摆放。注意不要切出一个洞。接下来使用剪刀或小刀把罗马生菜叶修剪成船帆的样子，然后用牙签将船帆形叶子固定到甜椒上。

4. 用勺子取适量步骤 2 做好的金枪鱼沙拉，逐一放入甜椒中，然后放在冰箱里冷藏一小会儿即可。

我的下厨记录

1

我烹饪的菜	

2

自我评价

食材干净程度	优秀☆☆☆ 良好☆☆ 一般☆
成品味道	优秀☆☆☆ 良好☆☆ 一般☆
用具收纳整齐程度	优秀☆☆☆ 良好☆☆ 一般☆

3

下厨心得

4

家庭成员评价

健康
小食

三色水果杯

梅莉达的3个弟弟性格各异，喜欢的水果也各不相同。这道三色水果沙拉融合了他们每个人最喜欢的一种水果，是他们一致认可的一道健康零食。

1. 使用水果挖球勺从每种瓜中挖出若干个果球，然后将它们都放到一个大碗里。

2. 用勺子轻轻搅动水果球，使3种颜色的水果球混合均匀。

3. 吃的时候可以把水果球舀进小杯子里，放上薄荷叶作为装饰。剩下的水果球可以放进冰箱冷藏，以供下次食用。

材料

哈密瓜	半个
白兰瓜	半个
无籽小西瓜	半个
薄荷叶	2片

制作时间：15 分钟　难度：★

材料

奶油奶酪	100 克
牛奶	半汤匙
酸奶油	245 克
莳萝	2 茶匙
大蒜粉	1 汤匙
盐	1/4 茶匙
拇指胡萝卜	若干

制作时间：45 分钟 难度：★

胡萝卜蘸酱

长发公主乐佩的捍马喜欢吃香脆的食物，这个胡萝卜蘸酱就是它最爱吃的零食之一。

1. 将奶油奶酪隔水软化，然后倒入牛奶。在大人的帮助下使用手持式打蛋器，将奶油奶酪和牛奶搅拌大约 3 分钟，直到奶油奶酪变得蓬松。

2. 在打发过的奶油奶酪中倒入酸奶油，充分搅拌，直至二者完全混合。然后加入莳萝、大蒜粉和盐，搅拌均匀。

3. 将制作好的蘸酱放入冰箱，冷藏至少 30 分钟，然后拿出来配上一些拇指胡萝卜就可以享用啦。

肉桂苹果

无论什么季节，阿拉丁总是可以通过逛集市获得美食灵感！这道肉桂苹果就是他为新年特别设计的甜点。

制作时间：25 分钟 难度：★

材料

苹果	4 个
黄砂糖	100 克
肉桂粉	1 茶匙
肉豆蔻粉	1/4 茶匙
水	4 汤匙
黄油	1 汤匙

1. 将苹果削皮，再用水果切片器将其切成片。把苹果片、黄砂糖、肉桂粉和肉豆蔻粉放入一个中等大小的碗中混合。

2. 将步骤 1 做好的苹果混合物、水和黄油放入一个中等大小的平底锅中。用中火炖煮 14~16 分钟，炖煮过程中记得不时地搅拌，直到苹果变软即可。

如果在炖煮过程中，食材变得太浓稠，可以用汤匙加入少量的水将其稀释，直至达到合适的稠度。

水果脆皮筒

在美丽的波托罗索小镇，卢卡在茱莉娅的带领下认识了很多新事物，其中就包括香甜可口的水果脆皮筒。小朋友，你也动动小手，在家做一做吧！

制作步骤

1. 将芒果去掉皮和核，切成小块，再将草莓洗净后切成丁，将开心果捣碎。

2. 将芒果块、草莓丁和酸奶倒入一个小碗中，搅拌均匀。

3. 将水果和酸奶混合物均匀地舀入脆皮蛋筒里，最后撒上开心果碎即可。

材料
草莓 8颗
芒果 1个
酸奶 120克
开心果 50克
脆皮蛋筒 8个
制作时间：20分钟 难度：★

材料

鹰嘴豆罐头	1罐（400克）
橄榄油	50克
柠檬汁	2汤匙
大蒜粉	1/4茶匙
盐	1/4茶匙

制作时间：10分钟 难度：★

自制鹰嘴豆泥

鹰嘴豆是一种非常健康的食物。用鹰嘴豆制作的鹰嘴豆泥十分美味，通常作为蘸酱，搭配其他食物一起食用。

1. 打开鹰嘴豆罐头，将鹰嘴豆沥干水分后倒入搅拌机中。加入橄榄油、柠檬汁、大蒜粉和盐，将食材搅打至顺滑。

2. 将鹰嘴豆泥舀入一个小碗中，配上面包或饼就可以食用啦。

草莓玫瑰

贝儿与野兽的故事是从一朵玫瑰花开始的。小朋友，请你动手做一朵美丽又美味的草莓玫瑰，来重温一遍贝儿与野兽的浪漫故事吧！

制作时间：10 分钟　难度：★

材料

草莓	5~6 颗
喷射稀奶油	适量

1. 用凉水将草莓洗净，再用厨房纸巾吸干水分。

2. 小心地用刀将草莓带叶子的顶部切掉。

3. 在小碗中挤入适量的稀奶油，然后将其中 1 颗草莓尖端朝上摆放在稀奶油上。

4. 如左图所示，将其他草莓切成片状，围绕着这颗草莓，摆成花朵状。这样，草莓玫瑰就制作完成了。开始享用吧！

材料

新鲜红树莓	少许
白巧克力碎	少许
冰激凌	适量

制作时间：10 分钟 难度：★

水果圣代

米妮喜欢在厨房里钻研美食。这款味道甜美、设计特别的水果圣代足以展现米妮对甜品设计的独到见解。

1. 用凉水将红树莓清洗干净，再用厨房纸巾吸干水分。

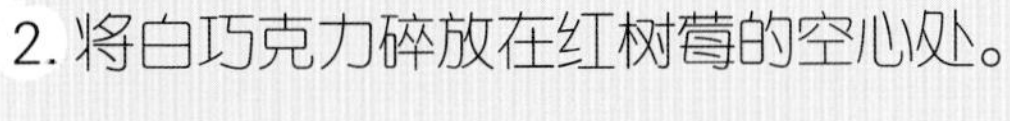

2. 将白巧克力碎放在红树莓的空心处。

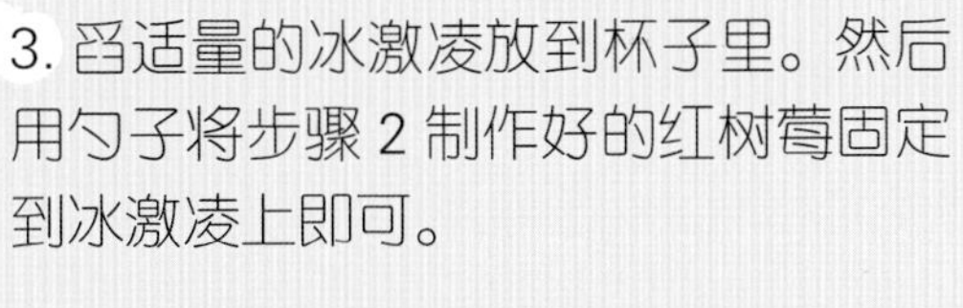

3. 舀适量的冰激凌放到杯子里。然后用勺子将步骤 2 制作好的红树莓固定到冰激凌上即可。

材料

香草口味的布丁	适量
新鲜蓝莓	适量
喷射稀奶油	适量

制作时间：10 分钟　难度：★

布丁芭菲

发现外面的世界以后，长发公主乐佩开心地离开了高塔。尽管如此，她偶尔也会制作这道由布丁、蓝莓和奶油层叠起来的甜点来回忆曾经在高塔里的时光。

制作步骤

1. 用勺子舀一点儿布丁放到甜品杯里。在布丁上放一层蓝莓，然后再挤上一层稀奶油，重复此步骤，最后再加一层布丁。

2. 在顶端喷上少量的稀奶油，放上 2 颗蓝莓作为点缀即可。

小贴士

你也可以把材料中的布丁替换成酸奶，同样非常美味。

燕麦冰激凌

梅莉达的马喜欢吃生燕麦。这道用燕麦做的冰激凌虽然马不能吃，但你一定会非常喜欢！

制作时间：30 分钟 难度：★★

材料

枫糖浆	2 茶匙
芥花油	1/4 茶匙
肉桂粉	1/8 茶匙
盐	少许
燕麦片	3 汤匙
冰激凌	550 毫升
红树莓	少许

1. 将枫糖浆、芥花油、肉桂粉和盐放到一个小碗里搅拌，搅拌均匀后放在一边备用。

2. 往一口小的平底锅中倒入燕麦片，开中火，用木勺轻轻搅动，加热约 3 分钟，至燕麦片半熟。

3. 将锅从火上移开，将步骤 1 制作的枫糖浆混合物倒入锅中。趁热快速搅拌，直到混合物均匀地挂在燕麦片上。然后让燕麦片在锅中冷却几分钟，再倒入盘子里。

4. 把冰激凌从冰箱里拿出来，解冻几分钟。等到它略微变软后，用勺子把它舀到一个小的搅拌碗里。

5. 用勺子将冷却后的燕麦片舀到冰激凌上，搅拌均匀后将其舀到甜品杯中，用保鲜膜盖住，放回冰箱冷冻。等冰激凌再次变硬时，将它从冰箱里拿出来，最后放上 2 颗红树莓作为装饰即可。

草莓奶油慕斯

香甜的草莓奶油慕斯是一道人见人爱的甜品，米奇和朋友们都非常喜欢。

1. 将奶油奶酪隔水软化，然后倒入牛奶。在大人的帮助下使用手持式打蛋器，将奶油奶酪和牛奶搅拌大约 3 分钟，直到奶油奶酪变得蓬松。

2. 将草莓洗净后切成薄片。将草莓片、打发好的奶油奶酪、糖粉和香草精放入搅拌机，充分搅拌，直至顺滑，然后倒入一个中等大小的碗里。

3. 将冰箱中冷藏的淡奶油取出，倒入一个大的搅拌碗中，加入白砂糖，用手持式打蛋器打发几分钟。用硅胶刮刀将打发好的淡奶油慢慢地拌入步骤 2 做好的草莓奶昔中。

4. 搅拌均匀后，将慕斯舀入小碗中，放入冰箱，冷藏 2 小时以上。最后在慕斯上撒一些白巧克力碎即可。

材料
草莓 250 克
奶油奶酪 200 克
牛奶 1 汤匙
糖粉 60 克
香草精 1 茶匙
淡奶油 200 克
白砂糖 30 克
白巧克力碎 80 克
制作时间：50 分钟 难度：★★

材料

全麦巧克力饼干	100 克
白砂糖	100 克
黄油	75 克
奶油奶酪	340 克
柠檬	1 个
香草精	2 茶匙
樱桃果馅	100 克

制作时间：50 分钟 难度：★★

樱桃奶酪蛋糕

这道无需烘焙的樱桃奶酪蛋糕融合了巧克力、樱桃和奶酪等多种风味，非常适合做餐后小甜点。

1. 提前将奶油奶酪和黄油分别放在 2 个小碗中，隔水软化。将柠檬清洗干净，在大人的帮助下将柠檬放在擦丝器表面轻微摩擦，得到约 2 茶匙柠檬皮碎即可。

2. 将全麦巧克力饼干压碎，然后放入一个中等大小的搅拌碗中，加入一半的白砂糖和所有的黄油，搅拌均匀。将混合物倒入一个平底碗中，压至紧实，然后放入冰箱里冷藏。

3. 将软化的奶油奶酪、柠檬皮碎、香草精和剩下的白砂糖放入一个大碗中。用手持式打蛋器搅拌大约 2 分钟，至其轻盈蓬松。将步骤 2 做好的蛋糕胚从冰箱中取出，把打发好的奶油奶酪涂抹在蛋糕胚上。

4. 最后在蛋糕上放上樱桃果馅，这道樱桃奶酪蛋糕就做好了。放入冰箱冷藏半小时后即可食用。

为了把柠檬表皮清洗干净，你可以在手掌心放 2 茶匙盐，将柠檬反复揉搓，然后在流水下将其冲洗干净。

1

我烹饪的菜

2

自我评价

食材干净程度	优秀☆☆☆　良好☆☆　一般☆
成品味道	优秀☆☆☆　良好☆☆　一般☆
用具收纳整齐程度	优秀☆☆☆　良好☆☆　一般☆

3

下厨心得

4

家庭成员评价

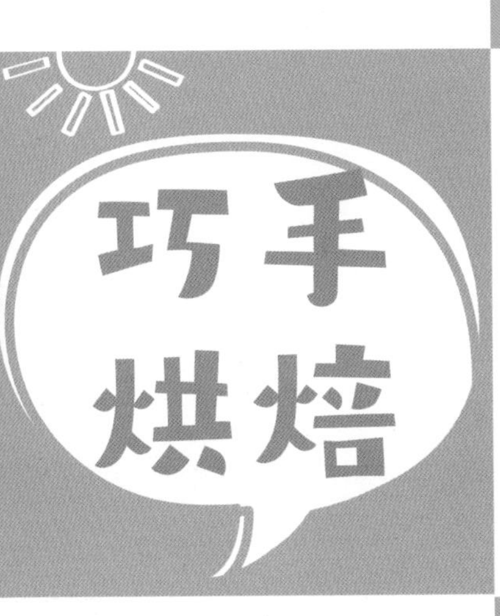
巧手
烘焙

烤红薯片

金灿灿的烤红薯片像极了阿拉丁在奇迹山洞里找到的金币。不过和金币不同的是，烤红薯片不仅可以吃，而且还非常美味哟！

制作时间：35 分钟　难度：★

材料

红薯	2 个
橄榄油	1 汤匙
盐	少许
黑胡椒粉	少许

制作步骤

1. 将烤箱预热至 204 摄氏度。将红薯去皮，洗净后切成 6 毫米厚的薄片。将你喜欢的形状的模具放在红薯片上，用力按压出不同形状的红薯片。

2. 将压好的红薯片都放入一个搅拌碗中，淋上橄榄油，并用木勺搅拌，让红薯片均匀地裹上橄榄油。

3. 在烤盘上铺上铝箔。将红薯片铺在铝箔上，注意红薯片之间要稍微分开。再撒上盐和黑胡椒粉。

4. 把烤盘放入烤箱，烤 10~12 分钟，至底部呈金黄色时取出，将它们一一翻面，再放进烤箱烤 10~12 分钟即可。

材料

温水	120 毫升
活性干酵母	2 茶匙
常温水	355 毫升
盐	1 茶匙半
面粉	560 克
玉米粉	2 汤匙
牛奶	1 汤匙
植物油	1 茶匙

制作时间：80 分钟 难度：★★

法棍面包

贝儿喜欢在早上去面包店，看面包师把新鲜出炉的面包端出来。法棍面包是贝儿最喜欢的一种面包，因为它可以搭配多种食物享用。

制作步骤

1. 将温水倒入搅拌碗中，撒上酵母。等酵母溶解后，加入常温水、盐和 500 克面粉，搅拌均匀，然后把絮状的面粉揉成面团。

2. 将剩余的 60 克面粉撒在案板上，再将面团放在案板上，反复揉，直到面团变得光滑细腻。在一个大碗里涂上植物油，把面团放进去，然后用湿毛巾将碗盖上。把碗放在一个温暖的地方，醒发 1 小时，直到面团发酵至两倍大。

3. 在一个大的烤盘上撒上玉米粉。将面团捶打几下，然后分成两份。将每份面团都捏成约 30 厘米长的条形，放在烤盘上。

4. 用刀在面团的表面轻轻划几刀，再用湿毛巾盖住，放置发酵 1 小时。

5. 将烤箱预热至 204 摄氏度。用刷子在每个面团的表面轻轻刷上牛奶，然后将烤盘放入烤箱，烤 20~25 分钟，直到面包表面变成金黄色即可。

芝士条

黛丝非常喜欢用芝士制作各种美食。如果你也喜欢芝士的话，那这个做法简单、口感香脆的芝士条一定能成为你最爱的下午茶甜点之一！

制作时间：30 分钟 难度：★★

材料

面粉	185 克
黄油	6 汤匙
切达干酪碎	160 克
帕玛森干酪碎	135 克
鸡蛋	1 个
牛奶	60 毫升
食用油	少许

制作步骤

1. 将烤箱预热至 204 摄氏度。将 2 个烤盘刷上食用油。将黄油放在小碗里，隔水软化。

2. 请大人帮忙将面粉、软化的黄油、切达干酪碎和帕玛森干酪碎放入料理机，搅拌约 1 分钟，让黄油和两种干酪碎均匀地混合。加入鸡蛋，再次搅拌使鸡蛋和面粉充分混合。将牛奶倒入进料管，再搅拌 1 分钟，直到形成一个光滑的面团。如果感觉面团太黏，可以再加一点儿帕玛森干酪碎。

3. 在案板上撒上少许面粉，将面团分成两半。取其中一半，用擀面杖擀成大约 3 毫米厚的面皮，然后将面皮边缘略修剪，让面皮呈长方形。接下来，将面皮切成约 10 厘米长、1 厘米宽的条状。捏着条状面皮的两端，轻轻拧一下，然后放在烤盘上。放时注意面皮之间应当空出一些距离，避免粘连。接着将另一半面团也按上述步骤处理。

4. 将所有芝士条放入烤箱，烤 8~10 分钟，直到表面呈浅金色即可。

小贴士

将烤好的芝士条存放在密封容器中，可以存放大约 1 周。

红薯松饼

在节日的时候，蒂安娜家里的所有人都会相聚在一起。他们一起玩游戏、唱歌、跳舞、做甜品。这道红薯松饼不仅味道甜美，更重要的是，它还凝聚着家人之间美好的情感。

1. 将红薯去皮，切成小块，放在盘中。在蒸锅中装入适量的水，开中火，待水烧开后，将装有红薯块的盘子放在蒸笼内，蒸 15 分钟，然后冷却备用。

2. 将烤箱预热至 190 摄氏度。拿出 12 连松饼模具，在上面喷上食用油。

3. 在一个大的搅拌碗中，将全麦面粉、椰子花糖、泡打粉、小苏打、盐和南瓜派香料混合在一起，搅拌均匀。用打蛋器在碗中间划出一个空间，倒入放凉的红薯、燕麦奶、枫糖浆、苹果醋和香草精。然后用硅胶刮刀将原料不停地翻拌，直到形成混合均匀的面糊。

4. 将面糊倒入准备好的松饼模具中，然后放进烤箱，烤 20 分钟，直到松饼的表面变成金黄色即可。

材料

全麦面粉	180 克
椰子花糖	110 克
泡打粉	1 茶匙
小苏打	半茶匙
盐	半茶匙
南瓜派香料	1 茶匙半
红薯	200 克
燕麦奶	180 毫升
枫糖浆	2 汤匙
苹果醋	1 汤匙
香草精	半茶匙
食用油	少许

制作时间：60 分钟 难度：★★

材料

面粉	125 克
泡打粉	1 茶匙
盐	半茶匙
肉桂粉	半茶匙
肉豆蔻粉	半茶匙
红糖	5 汤匙
黄油	4 汤匙
鸡蛋	1 个
燕麦片	90 克
胡萝卜	110 克
苹果	60 克
核桃碎	70 克
蔓越莓干	40 克

制作时间：50 分钟　难度：★★

胡萝卜曲奇

菲利普王子的马虽然有时很固执，但它总是乐于帮助爱洛。这道胡萝卜曲奇的原料里有胡萝卜、燕麦片和苹果，它们都是马喜欢的食物。

制作步骤

1. 提前将黄油从冰箱中拿出来，隔水软化。将胡萝卜和苹果去皮后擦成丝，放在碗里备用。将烤箱预热至 190 摄氏度，在烤盘上铺上烘焙油纸。

2. 在一个小碗中放入面粉、泡打粉、盐、肉桂粉和肉豆蔻粉，搅拌均匀。

3. 将鸡蛋打散。在一个大碗里，将红糖和软化的黄油搅拌在一起，然后倒入打散的鸡蛋。

4. 将步骤 2 中的面粉混合物倒入步骤 3 的大碗中，将面糊搅拌至顺滑。然后拌入燕麦片、胡萝卜丝、苹果丝、核桃碎和蔓越莓干。

5. 用圆形汤匙将面糊舀到烤盘上，记得每块面糊之间要留出一点儿空隙。

6. 将烤盘放入烤箱，烤 8 分钟，让曲奇的表面变成棕黄色。然后戴上隔热手套取出烤盘，将曲奇冷却 2 分钟后再食用。

你也可以根据自己的喜好用葡萄干代替蔓越莓干。

火腿奶酪辫子饼干

长发公主乐佩喜欢在画画时将她的长发编成漂亮的辫子。下面这道火腿奶酪辫子饼干不仅看起来形状独特，吃起来也非常美味哟！

制作时间：30 分钟 难度：★★★

材料

面粉	250 克
玉米面	80 克
泡打粉	3 茶匙
盐	1 茶匙
黄油	5 汤匙
火腿片	70 克
切达干酪碎	55 克
牛奶	245 毫升

1. 将火腿片切成丁，将烤箱预热至 204 摄氏度。

2. 将面粉、玉米面、泡打粉和盐倒入碗里，搅拌均匀。

3. 将黄油从冰箱取出，放进步骤 2 制作的面粉混合物中，略微搅拌，让面粉结成小块。然后加入火腿丁和切达干酪碎，倒入牛奶并搅拌，再将其揉成光滑的面团。

4. 在案板上撒上少许面粉，把面团放在上面。用擀面杖将面团擀成长和宽均为 30 厘米的方形面皮，厚度为 6~12 毫米。

5. 将方形面皮切成 4 份，再将每份切成 12 根长条，每条约 15 厘米长。

6. 将长条编成辫子状。取 3 根长条，在顶部将它们捏在一起。将最右边的一根绕到中间一根的左边，再将最左边的一根绕到中间一根的右边。如此交替，直到编完，然后在底部将它们捏合在一起。一直重复此步骤，直到将所有的长条编完。

7. 将编好的辫子形饼干隔开摆放在烤盘上，无需抹油，烤 8~10 分钟，直到饼干变成金黄色即可。

你也可以用帕玛森干酪碎代替切达干酪碎。

水果派

阿伦黛尔又要举办宴会了，其中一道甜点就是水果派。相信这道酸甜可口的水果派一定可以让宾客们胃口大开。

制作时间：60 分钟 难度：★★★

材料

低筋面粉	30 克
高筋面粉	30 克
无盐黄油	40 克
盐	少许
苹果	2 个
树莓	80 克
白砂糖	40 克
柠檬汁	1 汤匙
苹果汁	60 毫升
牛奶	适量
水	少许

1. 将低筋面粉、高筋面粉和盐过筛，加入黄油，用硅胶刮刀将它们搅拌均匀。

2. 加入 20 毫升水，用硅胶刮刀将水和面粉混合物搅拌在一起，直至搅成面团。用保鲜膜裹住面团，将其放进冰箱冷藏 30 分钟。

3. 在案板上撒上少许面粉，将面团取出后放在案板上。用擀面杖将面团擀成约 2 毫米厚的正方形面饼。准备一个大号托盘，托盘内铺上保鲜膜，将正方形面饼放在保鲜膜上，然后在上面再盖上一层保鲜膜，放入冰箱冷藏 1 小时。

4. 制作内馅：将苹果切成 1 厘米厚的小丁，放入平底锅中。再在平底锅中加入树莓、白砂糖、柠檬汁、苹果汁，盖上锅盖，小火熬煮约 10 分钟，直至熬煮出汁。开盖，不停地摇晃锅，直到大部分水分蒸发。

5. 拿出正方形面饼，用比萨滚刀将其切成多个 2.5 厘米宽的长条，如右图所示把长条交叉铺在保鲜膜上，再盖上一层保鲜膜，放入冰箱冷藏约 30 分钟。

6. 将烤箱预热至 200 摄氏度。将步骤 4 做好的馅料放入耐热盘，在盘子的边缘淋上少量牛奶，然后在上面盖上步骤 5 做好的派皮。

7. 沿耐热盘边缘切掉多余的派皮，使派皮和耐热盘之间不留空隙。最后，在派皮上淋上 1 大匀牛奶，整盘放入烤箱烤约 30 分钟，烤至派皮呈焦黄色即可。

我烹饪的菜	1

2 自我评价

食材干净程度	优秀☆☆☆ 良好☆☆ 一般☆
成品味道	优秀☆☆☆ 良好☆☆ 一般☆
用具收纳整齐程度	优秀☆☆☆ 良好☆☆ 一般☆

3 下厨心得

4 家庭成员评价

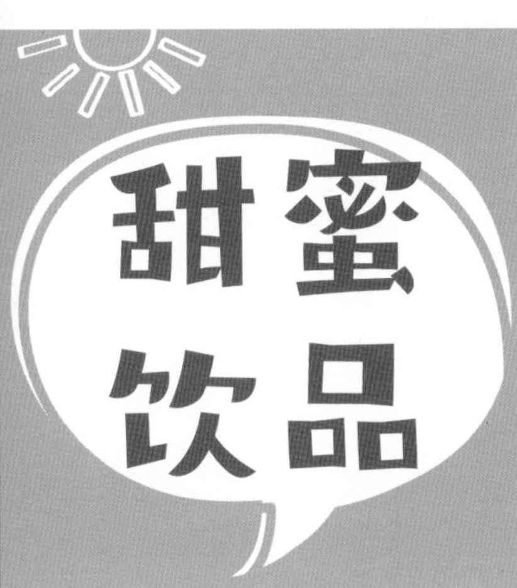
甜蜜
饮品

树莓薄荷冰茶

茶煲太太擅长泡制各种美味的茶，其中树莓薄荷冰茶是她最拿手的。动手和她学一学吧！

制作步骤

1. 在茶壶中装水，将水加热至沸腾，关火。

2. 将树莓水果茶包和薄荷茶包放入茶壶中，浸泡 4 分钟。

3. 取出茶包并加入蜂蜜，然后放置冷却。

4. 倒入玻璃杯中饮用即可。如果想喝冰的，你也可以在玻璃杯中放入适量冰块。

小贴士

你也可以用这种方法泡制其他口味的水果茶。

材料
水 1000 毫升
树莓水果茶包 3 袋
薄荷茶包 2 袋
蜂蜜 2 汤匙
制作时间：10 分钟 难度：★

材料

柠檬水	250 毫升
橙汁	250 毫升
苏打水	500 毫升
冰块	适量

制作时间：10 分钟 难度：★

阳光苏打水

在长发公主乐佩的生日这天，城堡里的人们纷纷放起了飞灯。灯光闪烁，照亮了夜空。这杯苏打水饮料有着和飞灯一样鲜亮的颜色。

制作步骤

1. 将柠檬水和橙汁倒入茶壶里，搅拌均匀。
2. 缓慢倒入苏打水。
3. 在玻璃杯中放入冰块，倒入步骤 2 调好的饮品即可享用。

你也可以在玻璃杯中放一片橙子或柠檬作为装饰。

香蕉奶昔

香蕉奶昔表面的泡沫总能让人联想到海面上的浪花。不过和浪花不同的是，这道香蕉奶昔带有香蕉和橙子的甜味。

1. 将香蕉掰成小块，放入搅拌机中。
2. 倒入水、酸奶和橙汁。
3. 启动搅拌机，将食材搅拌至顺滑。
4. 最后将奶昔倒入玻璃杯中，插上吸管就可以喝啦。

材料
香蕉 1根
水 120 毫升
香草口味的酸奶 250 毫升
橙汁 1汤匙
制作时间：10 分钟 难度：★

材料
白巧克力碎 50克
淡奶油 80克
牛奶 360毫升
香草精 半茶匙
肉豆蔻粉 少许
制作时间：10分钟 难度：★

热白巧克力

在寒冷的冬天，喝一杯甜美的热白巧克力能让你的身体变得更暖和。

制作步骤

1. 将白巧克力碎和淡奶油倒入一个小的平底锅里，混合均匀。用小火加热，其间要不停地搅拌，让白巧克力碎熔化。

2. 加入牛奶和香草精，继续加热并搅拌，当牛奶变温热时就可以把平底锅从炉灶上移开了。

3. 继续搅拌，让液体产生泡沫。

4. 用勺子将泡沫舀入两个马克杯中，然后缓慢地倒入热巧克力。最后在上面撒一点儿肉豆蔻粉即可。

夏威夷蛋饮

史迪奇非常喜欢夏威夷，他在这里交到了莉萝这个好朋友，喝到了独具夏威夷风味的饮料——夏威夷蛋饮！

制作步骤

1. 将牛奶、淡奶油、椰子奶油、鸡蛋、菠萝汁和红糖放进一口大锅里，搅拌均匀。

2. 开小火，加热 10~15 分钟，其间不断搅拌，直到液体变稠但没有沸腾时关火。

3. 在锅中倒入香草精和各类调料，搅拌后倒入玻璃杯中。最后，你还可以将小菠萝切成小块，找一根干净的木棒插到菠萝块里，放在玻璃杯中作为装饰。

材料

牛奶	360 毫升
淡奶油	120 克
椰子奶油	100 克
鸡蛋	4 个
菠萝汁	470 毫升
红糖	50 克
香草精	2 茶匙
肉桂粉	半茶匙
肉豆蔻粉	1/4 茶匙
丁香粉	1/8 茶匙
小菠萝	1 个

制作时间：10 分钟 难度：★

材料

猕猴桃	1 个
小菠萝	1 个
白砂糖	20 克
蓝莓	100 克
苏打水	250 毫升

制作时间：20 分钟 难度：★

冰宫殿冰棒

艾莎和安娜生活在用冰雪打造的华丽宫殿中。如果你也想感受一下冰雪的刺激，不妨动手做一下这个特别的冰宫殿冰棒吧！

制作步骤

1. 将蓝莓洗净，放入榨汁机中榨成汁。

2. 将猕猴桃和小菠萝切成丁，放入大碗中。碗中加入白砂糖，待白砂糖溶化后，加入苏打水和蓝莓汁。

3. 静置一会儿，待气泡消失后，将食材倒入冰棒模型中。冷冻约6小时即可享用。

小贴士

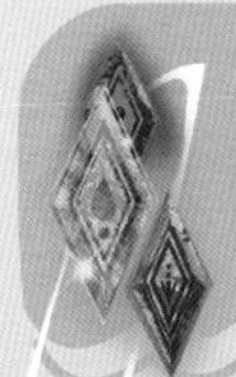

将食材倒入冰棒模型时，最好是用勺子将食材舀进去，这样可以减少气泡的产生。

百香果柠檬茶

小男孩儿卢卡在阳光明媚的小镇度过了一段快乐的暑假时光。百香果柠檬茶就是一道充满夏日气息的饮品。

1. 将冰糖倒进一个小碗里，再在碗内倒入热水，搅拌至冰糖溶化，放凉备用。

2. 将百香果对半切开，将果肉挖出，放进杯子里。用力挤压柠檬，让其汁水流进杯中。

3. 在杯中倒入蜂蜜和凉白开，然后倒入步骤 1 放凉的冰糖水，搅拌。最后放上薄荷叶作为装饰即可。

材料
蜂蜜 2汤匙
冰糖 10克
百香果 2个
柠檬 半个
热水 50毫升
凉白开 500毫升
薄荷叶 2片
制作时间：20分钟 难度：★

我的下厨记录

我烹饪的菜	1

2 自我评价

食材干净程度	优秀☆☆☆　良好☆☆　一般☆
成品味道	优秀☆☆☆　良好☆☆　一般☆
用具收纳整齐程度	优秀☆☆☆　良好☆☆　一般☆

3 下厨心得

4 家庭成员评价